U0453636

你不努力

谁也给不了你想要的生活

慕容莲生/著

民主与建设出版社
· 北京 ·

图书在版编目(CIP)数据

你不努力，谁也给不了你想要的生活 / 慕容莲生著.
-- 北京：民主与建设出版社，2018.3（2024.6重印）

ISBN 978-7-5139-1890-9

Ⅰ.①你… Ⅱ.①慕… Ⅲ.①成功心理－通俗读物
Ⅳ.①B848.4-49

中国版本图书馆CIP数据核字（2017）第316344号

你不努力，谁也给不了你想要的生活

NI BU NULI, SHUI YE GEI BU LIAO NI XIANGYAO DE SHENGHUO

著　者	慕容莲生	
责任编辑	刘树民	
出版发行	民主与建设出版社有限责任公司	
电　话	（010）59417747　59419778	
社　址	北京市海淀区西三环中路10号望海楼E座7层	
邮　编	100142	
印　刷	三河市同力彩印有限公司	
版　次	2018年6月第1版	
印　次	2024年6月第2次印刷	
开　本	880mm×1230mm　1/32	
印　张	6	
字　数	180千字	
书　号	ISBN 978-7-5139-1890-9	
定　价	48.00 元	

注：如有印、装质量问题，请与出版社联系。

目录
CONTENTS

第一章

照亮你的，是你自己的光

第二章
和自己好好相处是一件了不起的事

目 录
CONTENTS

第四章
你要努力活成你喜欢的样子

第一章
照亮你的，
是你自己的光

亲爱的小孩，今天有没有哭

有许多个夜晚，要乘坐末班车回家。

有时是赴朋友的约，一起喝酒谈天，不知不觉就夜深了。那些夜晚是快乐的。谁不需要一些纵情狂欢的时候呢？像一头压抑的兽，终于有机会冲出牢笼，穷尽力气去撒欢。

更多时候却是加班太晚。写字楼里的三部电梯关得只剩一部了，大堂里坐着一个哈欠连连的保安，百无聊赖地玩手机，听见我走过来，他抬头笑笑。我知道他会一整夜都将这样坐着，直到天亮，有人来接班。

走上街头，转过一个街角，是公交站牌。那里总会有几个候车的年轻人。一眼就可看得出来，他们亦是刚刚结束冗长的加班，满脸疲倦。没谁说话。一个个落寞地站着，等候公车开来。

每一班公车都塞满乘客，车靠站，几个人下车，更多人挤上车。司机很沉默，沿着那条他每天要重复走很多遍的路线，沉默靠站，又沉默驾驶，一站又一站，仿佛永远没有终点。车在行驶中，车厢内不开灯，但窗外霓虹闪烁，照得清每一个乘客的脸。一张张疲倦而寂寞的脸。

看着他们，又想想同样疲倦又寂寞的自己，心底隐隐生出酸楚。

这就是生活吗，是幼年所渴望的成人生活吗？

幼时，偏执地认为成人的世界十分有趣，许许多多事孩子不能做而大人可以随意做，更重要的是，可以改变世界任凭自己想象。真的长大后，难免生出一腔失落。原来生活是一条长长的河流，风浪不停又水质浑浊；是一座不爱说话的山，山风却卷得满山树叶哗哗响，停不下来；山高水长，一步步行去，为理想，更为柴米油盐。人们总得吃饱饭之后才有力气跋山涉水塑造理想的模样。

怕只怕，理想并未成就，人又被柴米油盐压得趔趔趄趄。

深夜街头，路灯懒懒的，所有的人都在回家的路上。也有一些不回家的人，他们坐在街灯照不到的地方，抽烟或者哭泣。我曾见到一个男子，一边喝酒一边落泪。是什么事让一个男子在深夜喝酒到泪流？

生活中总有一种力量让你泪流满面。

不是人们太脆弱，是生活太粗暴。那么多愿望想要达成，愿望有多少，往往无奈就有多少。日光之下，人人皆装着十分坚强，如一台永不知疲倦的机器，转呀转，从清晨到夜深。黑夜是魔鬼，不费力气就撕去人们的面具。白天的逢场作戏言不由衷，全都褪去，像扯掉一袭华袍，露出内里的败絮。这个年头，哪个人哪颗心不是千疮又百孔？

有一回，也是夜深，路过一家迟迟未打烊的理发店，听见一首歌："漂亮的小孩，今天有没有哭，是不是弄脏了美丽的衣服，却找不到别人倾诉；亲爱的小孩，今天有没有哭，是否遗失了心爱的礼物，在风中寻找，从清晨到日暮……"

忽然间就有一些想哭的情绪。

多想重回孩提时代，做一个无拘无束的小孩，肆无忌惮地撒野，父母夜夜在床头说故事，直至亲爱的小孩香甜地睡去。是的，所有的孩子都盼着长大，所有成人的心底都顽固地住着一个孩子，不想长大，渴望抚慰。

我有一个朋友，他向来是要强的，对任何人任何事从不肯示弱，哪怕一丝一毫。但我知道，他真的没那么坚强。常常在深夜接到他的电话，不是已喝醉，就是正在自斟自饮，乘着酒兴，许多在白日不肯说的话他悉数倾吐。"脆弱""孤单"诸如此类的词儿竟都出自他口。越长大越脆弱，越长大越孤单，他越说越难过了。倏地又说起童年，他想念那时漂亮又聪明的自己，说什么做什么总能赢得人们夸赞，大人们见到他都要近前搂抱亲吻。说着说着他就哽咽起来。

是酒精刺激了他吧。或许是抑制不住的孤单感狠狠地袭击了他。

可是，谁不孤单呢？

每个人都如一匹埋头追寻猎物的狼，穿越荒野，独自啜饮沿途风雪。倔强写在脸上，而坚强其实只是伪装。那又怎样？人生就是一个茫茫旅途，人们跟随时光将自己丢在深深的陌生山谷，然后寻路，咀嚼漫无止境的寒冷和孤独。

"亲爱的小孩，快快擦干你的泪珠，我愿意陪伴你走上回家的路。"多想有个人，坐在身边，轻声唱，就像一个温暖的怀抱轻轻覆上来，慢慢地放松，慢慢地抱紧，长夜如一朵花的开落，人平静地睡了。当一切归于寂静，世界突然变得清凉明朗。

就算无人来唱歌，无人作陪燃烧孤单，也要为自己造一个洒满绝美月光的小世界，容疲惫灵魂怡然歇息。

就像深夜归家，在没有路灯的地方，放声唱，来自自己体内的声音为自己撑腰，唱着唱着就快乐起来，在最深的疲倦里遇见最美丽的惊喜。

那些煎熬与彷徨谁都会有

大学毕业后，你忽然不知自己要做什么了。

其实你知道自己要做什么，只是你像忽然被关在了一个黑屋子里，往哪个方向走，遇见的都是一堵墙。

是的，你有一份工作。活着，总得吃饭，

工作是否满意已变得不那么重要，你需要的是一份薪酬，哪怕十分微薄。向父母要吃要喝二十多年了，你要强的心不肯容忍自己再向父母伸手索取。"啃老族"，你知道有那么一个群体存在着，但你不会加入，你鄙视他们。

人活到一定年龄，必须要所有承担，无论将自己置于多艰难的境地，都要勇敢撑住。这是一个成年人该有的样子。

日子撑了起来，你却总是压抑不住内心的难过。所从事的工作不是你想要的，你实现不了自己的价值，遑论理想？独处时，你常常问自己，是否当初学错了专业呢？多想学得屠龙术，出了师门，才发现这个世界上根本没有龙，英雄无用武之地。

更糟糕的是，即使很不满意的工作也忽然就丢了。前一天还在好端端地上班，次日一早到了公司，被告知，已遭辞退。真是个一点都不好笑的笑话。抬头看看周围，所有同事都有意无意地回避你，无人来告别。是呀，只是同事而已。同事就是一起共事时说说笑笑，转个身，离开那条路，大家重新做回陌生人。何况，你不过是一个一点都不出色的新职员。

甚为尴尬地收拾办公桌，你只想早点离开。辞职手续倒是复杂得惊人，要填各种表格，从一个门到另一个门，等一个又一个人签字，顺便接受那些人意味不明的打量。这使你有深深的挫败感。

重新回到大街上，阳光热烈，你感到一股透彻心扉的冰凉。似乎所有人都在奔忙，只有你一人无所事事游荡。眼前浮现父母的脸庞，情不自禁地心生酸楚，有忍不住要落泪的冲动。

不愉快的事，一旦发生，只有一个法子解决，那就是勇敢去面对。

面对了又怎样？或许面对的是一堵堵墙。

你觉得满世界都是墙，推不开一扇你想要的门，一扇都没有。

新一轮求职很不顺利。莫非这个城市所有的用人单位都约好了对你说NO？

你讨厌做一个失败的人，而现在，你的确觉得自己就是一个无比失败的人。

再失败的人都有朋友，或许不多，仅仅一个，一个已是足够。那是温暖，是疲惫时的力量。

朋友请你喝酒。你们是大学同学。此同学工作亦不如意。是不是天下所有年轻人都有一份不如意的工作？只是同学比你好多了，工作虽不如意但能在公司立得住脚。

借酒浇愁，酒不醉人人自醉。你对同学倾诉苦恼。

同学说，不如把所有苦恼写在一张纸上，然后细细分析一番。

这同学是个冷静的人，长于思考，长于为人解忧。

所有苦恼问题都写了出来，二人逐条剖析。结果是，其实真正的困扰并不多。你问："难道我在无病呻吟自寻烦恼？"

　　没有无病呻吟，也并非自寻烦恼。是用错了力，所以推不开想要的门。

　　年轻时，初涉社会，谁不彷徨，又有谁不是在彷徨中痛苦煎熬？

　　社会并没有你想象中的美好，只比你想象的要更残酷，你不断挣扎，却发现自己逐渐变成了你先前最憎恶的"普通人"。但是，这才是生活。

　　很多时候，真的不是你不够出色，也不是全世界约好了要拒绝你，是你自己把自己活成了一头困兽。什么东西能困住你这头兽，你说好了要去改变世界的啊。就像武侠小说里，少年学得武功，下山，闯荡江湖，要扬名立万。而现在，你好像什么都做不了。

　　能困住你的，是你的心。你的心决定了你所看见的，你的心决定这个世界。心若自由，一切便都美好。

　　即使再卑微，再不堪，生活也还是要继续下去。

　　重新上路吧，就像从未受过伤一样。

　　一个月后，你找到了新工作。

　　是呀，又用了一个月，新生活才开始。若是在从前，你必定又要没日没夜自怨自艾，认为自己倒霉，生活总是处处和你过不去。但你已不是从前的你，你换了新的心肠，新的视角，你凡事尽力而为又凡事顺其自然。

　　看芒果台的选秀节目"快乐男声"时，有个叫饶威的选手你觉得和你太像了。其他选手谈饶威，不约而同都用到一个词，那就是"倒霉"：饶威总是站在终极PK台上；拍摄MV时，打饭油漆桶，泼得满身都是，还将油漆灌进双眼；录制综艺节目时，碰伤胳膊，又突然被撞得晕厥……真是个倒霉的年轻人，做什么都受伤。

你觉得饶威的"倒霉"和曾经的你像极了。

但是，饶威比曾经的你坚强多了。他总是面带微笑，迎接生活赐予的每一个礼物，好的或者坏的。即使一开始很不喜欢饶威的观众，看着饶威一路跌跌撞撞地走，也会忍不住开始喜欢饶威了。饶威总是在笑，那坚强的姿态让人好不心疼。

饶威说："我不认为自己倒霉，发生那些不如意的事儿，是我太粗心。"

他从不认为是生活的错，或者是整个世界的错。他只认为是自己还不够努力，不够用心，所以生活中会出现一些不如意。但他抖擞精神，愈挫愈勇，争取在舞台上的每一个瞬间都呈现出最好的自己。

独自静处的时候，饶威内心不曾生出过彷徨吗？一定会有的。

没关系，谁的青春不彷徨？

每个人都有彷徨的时候，彷徨并不可怕，可怕的是在彷徨中不做抉择，只是任由彷徨像一场病而继续害下去。一旦有所抉择，就不会再彷徨，就会照选定的方向去行事。

谁不是一路痛苦煎熬，一边受伤一边成长？

青春，就是用大把的时间彷徨，用几个瞬间成长。

所有痛苦的煎熬，都是另一种营养，用来滋养生命成长。

再漫长的夜都会过去，再痛的伤都会结痂。

挺过去了，就是英雄。所有流过的泪，所有结痂的伤，在泪水蜿蜒之处，在暗红的痂上，终会开出花来。

你无法做一个人人喜欢的橘子

我写了条微博："所谓八面玲珑，去他的！我只肯做好我认为应该做好的，以赤子之心。原谅我放纵不羁爱自由。"

有个网友回复："就是如此，我们又不是人民币，做不到人人喜欢，再说你是人民币就有人只喜欢美元。"

是呀，如果你是人民币，却就有人只喜欢美元。

不如做好自己。

可惜这简单道理却有许多人不懂。或许许多人都懂，但遇事还是会犯迷糊，像个睡不醒的人。

为何要在乎别人的看法呢？没有人替你穿衣，没有人替你吃饭，也没人替你睡觉，人生有许许多多事都是别人替代不了的，只能你自己去做，自己去感受，甘苦自知。那么，何必又转身一枪，以活给别人看的姿态而活着呢？

假若为别人而活，无论你做什么，做得再好，都会有人不喜欢。

比如一篮水果，橘子、苹果、香蕉、菠萝……我喜欢吃橘子，而我有个朋友，再好的橘子也不吃。有时候我劝他，诸如橘子富含维生素C啊，这个牌子的橘子特别好吃啊。他就强调说："再好的橘子我也不喜欢吃，因为我根本就不喜欢橘子的味道。"

有什么办法呢？感到遗憾吗？那又有什么用！不喜欢就是不喜欢，再好的橘子都会有人排斥它的味道。

明星也一样。很多人喜欢梁朝伟，说他是忧郁的，还说他眼睛会放电，但也一定有很多人不喜欢。还有很多人不喜欢刘嘉玲，认为这个女人气场太硬，又整天贪玩，花蝴蝶一样穿梭于各种社交场所，但是，梁朝伟偏偏只爱刘嘉玲。

你能怎么办？你能说什么呢？

众口难调呀，不如撇开是是非非，一心做好自己，尽你所能做到最好。

就像橘子。虽然你无法做一个人人都喜欢的橘子，但你一定要努力做一个最好的橘子！

你不能因为某个人的某个眼神或某句话，就放弃做最好的自己，否则，吃大亏的是你，而不喜欢的人见你自暴自弃兴许会哈哈大笑，认为他不喜欢你真是件英明的事，因为你真的很糟糕呀。

所以，当你在生活和工作中遇到他人对你不满时，你可以那些不满接过来，对照着，先检点自身，有则改之无则加勉。然而，也还是会有太多太多力不从心的时候，记住，有时并非你的过错。这个时候，你大可对自己说："何必苦恼？我无法做一个人人喜欢的橘子。"

这个世界上的人，各人都有自己的所爱，通往罗马的道路有千千万万条，很多问题，不是单项选择，答案往往丰富多彩。确定的世界是人为制造的，不确定的世界才是真实的世界。每一件事情的变化都有N

种可能。

可是很少有人愿意接受一个没有现成答案的世界，所以，人们喜欢欺骗自己说：答案是早就存在了的。

一旦不被接受便心生而苦恼，总以为错误一定来自自身，总会在心底揣测："也许我不是一个好的橘子。"在沮丧中，失去了对自己的信任，在他人的眼光中匍匐前行，有时候甚至失去了前行的勇气。

英国医学杂志《柳叶刀》曾有一项调查问卷显示，目前每10个中国人中就有1个患精神障碍疾病，其中与心理因素密切相关的抑郁症和焦虑症人数急剧上升。虽然抑郁症的病因很复杂，但压力过大、持续得不到排解无疑是其中重要的一项。

这真叫人感到不胜寒凉的悲哀。

活着，其实就是一场战争，但要一边战斗一边娱乐。战斗靠你自己，娱乐也要靠你自己。如果想要舒缓压力，积极地面对现实，只能依靠自己。

你要告诉自己，你无法做一个人人喜欢的橘子，别人爱吃香蕉或苹果，那绝对不是你的过错。

你不能，也不必做一个人人都喜欢的橘子。

开心地接受自己，才能走长远而宽阔的道路。

生活中遇到他人对你自尊和自信的打击，或者是工作上的责难，或者是爱情中的被遗弃，确实都是人生中很残酷也很难接受的事。但你不能随之堕落。很多时候，事情并非如你想象的那么糟，只要你不放弃，继续努力下去，迟早会有人在收获的秋天发现你这可爱的果实。那时候，你当庆幸自己就是这样的一个橘子了。

坚持做最好的自己。

岂能尽如人意，但求无愧我心。相信我，这样想着，你会轻松快乐许多。

然后，你便能有美丽的心情看到生活中的种种美好，水清鱼读月，花静鸟谈天。世界，仍是一个等待你成熟的果园。

人生的渡口，我们皆是过客

朋友乘着醉意和我说：要想考验一个人是不是好友，找他借钱；要想失去一个好友，也找他借钱。

这位朋友有一次突生事故，急需一笔钱。找谁借呢？电话联系人有两百多个，但是，他从头翻到尾，一个都不确定，他不知道向谁开口可以救急又不撕裂友谊。

实在没办法，钱急需凑齐，容不得他再三斟酌。于是，从两百多个人里筛选了5个人。咬咬牙，定定神，一个个拨过去。

结果真没让他失望：其中三个以各种各样的理由推却了，另两个答应借钱，但是借一万只肯给两千，其中理由自然也是多多。

这结果他早就料到了。若非迫不得已，他肯定不干这傻事——不借钱大家相见还可欢天喜地地说笑，这一借钱，不但钱没借到，原本看似和谐的情分一下子就尴尬起来。

朋友之前有过相似经历：一个同事问他借钱，那同事和他素来关系不错，因结婚，手上差一点钱，问他借，他没答应。因为他不知道同事会何年何月才还给他。或者，很有可能，同事一直赖账永不还了呢。

借了钱，又赖账，这人这事儿多了去。

经过这些事儿，朋友彻底明白，为何古人说"人生得一知己足矣"。什么是知己？你们能谈天能饮酒，你懂他，他懂你；若有需要，你可不顾一切帮他，他可不顾一切帮助你。

知己难得。许许多多的人，只不过是过客。

譬如你是一个客栈，许许多多人来入住，看似朝暮相处，像一辈子都要在一起的样子，其实终要分离，因为他们只是过客。

过客和过客的区别在于，有的过客居住时间长，有些停留很短，匆匆地来，又匆匆地去了。

你在谁的心里不是过客？若你认识一百人，或许你是一百人的过客。若你够幸运，或许有个人，你以他为知己，他以你为知己。可叹的是，往往你把别人放在心里了，认为彼此可以一生相伴，可是人家不一定也那么想，到最终兴许会出卖你。

世界上只有一个人不会背叛你，这个人就是你自己！

你可以信任你所遇见的每一个人，但你不能依靠他们中的任一个。遇着问题，你莫指望有人和你共对风雨，你要依靠你自己。

朋友说："你知道吗？生命中不断有人进入和离开，以为明天可以继续的事情，凌晨十二点都有可能就结束了。那些结束又是那样的尴尬，如同成年之后脱落的牙齿，永远有个缺口无法弥补。就算修补好，也还是难以适应。"

我信他说的话。此等事我经历不多，但也有过。坦白地说，这种事儿千万不要经历太多，最好一次都不要经历，那么世界仍旧是歌舞升平的世界。

我有一个同事，他问我借钱。当时我手中余钱恰是他要借的数目，倘若悉数给他，我就一干二净了。假若手有千百万，自是有勇气不假思索伸出援手。偏偏不过是平民百姓，过普通生活，每一分钱都有用处，缺了那一分钱，一分钱难倒英雄汉。于是，我决定只借给他一部分，而不是倾囊而出。

他却感到受了侮辱，不接受我的量力而为。

从他挂掉电话的那瞬间，我隐约揣测到，他和我从此做了路人。或者说，我们两个路人好不容易装着十分亲切，经此一役，终于放心地撕破脸皮，重新做回路人。

"人生寰宇总过客"，就像火车，走走停停，有上有下。你站在今天看昨天，有个人昨天还向你问候，今天却不翼而飞，从此再未出现。

有一个号码，你一直记得，但后来就从没打过电话发过短信。

有一些地方以前有人陪你经常去，但后来每次去都是你一个人。

有一个人，你很早就把他计划在你的未来里，慢慢地发现你的计划只是一场梦，梦醒终是空。

是呀，年少时，和很多人信誓旦旦，说什么"将来一起"："将来一起上大学啊""将来一起生活""将来一起结婚"……可是当你终于到达想要去的将来，早已物是人非。还有谁在身边不离不弃地陪着？那个人，是谁呢？

总以为要一辈子铭记的，总以为要一生惦念的，就那么悄无声息地消失了。那些牵过的手，唱过的歌，流过的泪，爱过的人，最后，都没有了。

生活就是一场变幻莫测的颠簸，谁也无法左右过程或结局，但却能左右自己的心。

　　如果你将某人当好友，他却辜负你，请你不要埋怨他。他是你的朋友，你不过是他的过客。或许他也不想辜负你，但碍于生活的种种阻力，他没有能量满足你所有心愿。

　　请你感谢每一个曾和你欢笑相对的人，也感谢每一个你认为辜负了你的人，是他们丰富了你的人生，尽管后来你们是彼此生命中的过客。

无处告别，终要告别

我想，许多时候，我们的疲倦，并非源于事，而是源于人。因为有人之后方有是是非非。

一个个人，一场场事，其实到了最后，只一个结局：告别。

有些告别，彼此对面撕裂。有些却就暧昧不明了，忽然不见，再也不见，虽是无处告别但终究别去，用最沉默又最决绝的姿态。

不是所有的故事都会有一个完满的结局，不是所有的努力都能收获快乐，不是所有的微笑都能抚平忧伤，不是所有的坦然都能获得救赎。

一切自有开始，一切会有终结。

几经沉浮后，几经思索后，终是明白是到了该挥手告别的时候。

那些被年轮碾过的痕迹里，总有一些感动的瞬间会被定格，总有一些难忘的风景被铭记，当然，也总有一些踉跄的足迹会被遗忘。有些人，注定只能是路过；有些风景，注定只能欣赏；有些过往，只是光阴的见证；而有些怀念，只是回忆的索引。

也许，告别，仅仅只是想要离开。无须目的，无须主题，不在乎别人怎么评说，也不在乎之后的路如何泥泞，只是想离开，只是想告别。

譬如一条溪流离开另一条溪流，独自远行，去哪儿或许并不知道，但溪流终是要独自奔腾，绕千山，过万滩。

烟花易冷，人世易分。流年里的美丽遇见，不过如烟花一瞬。

我曾爱过你，你曾爱过我，那又怎样？我曾伤害你，你曾伤害我，那又怎样？在时光的打磨里，一切终将成灰烬。所有欢笑或泪水，激情或彷徨，奔跑或跌倒，都将不值一提。若要感慨，不如来一句：天下没有不散的筵席。

流年，彼岸，烟花绽放，燃烧那一瞬间的美丽。花雨零落，转瞬成灰，那是烟花的宿命，无力改变。薄凉的青春，亦是如此，短暂而美丽，如琉璃，绚烂而易碎。青春里那些最美丽最明媚的事情，恍若浮生一梦。最虚无缥缈的尘埃，吹之即散。

听人说，寂寞的人在看烟花。因为寂寞，所以需要用烟花祭奠，一场盛大的繁华。因为寂寞，所以也免不了有一天，会因寂寞而彼此分开，彼此隔离。那些恍如烟花的相遇，只是繁华一瞬。也许，有些事情是早已注定的了。注定是过客而不是归人，注定是旅人而无法停留。时光里，寂寞兜兜转转，注定会有一天，就像烟花消散在天空，仿佛从未来过。

听人说，幸福的人在看烟花。因为有人陪你一起看花开花落，所以不寂寞。彼此在一起，温暖彼此；彼此在一起，相生相依。因为烟花，所以浪漫。相爱的人，因为烟花，所以安静地依偎着彼此。如此安静，如烟花绽放，安静又美丽，绚烂而浪漫。看着烟花，幸福就如烟花，璀璨在心底。

可是，烟花易冷，人事易分。那最美的年华，一起看过的烟花，早已冷却。一起走过的路，只剩下沧桑。有人在一片深蓝的天幕中，开始等待下一场烟花盛开的时候。

或许，在生命的无尽旷野之上，我们从未相遇，只是擦肩而已。越走越远，终于无处告别。但是那些短暂的相聚却在时间的河流里凝成琥珀，辗转反侧里，念念不忘。在我们生命中，有些人再也不能回到相识的最初。但是，我们会记得。

越来越喜欢安安静静地坐着，在天气晴好的日子，在院子里，看云浅浅地漂浮在淡蓝色的天空里。花在日光下绽放，弥漫着清雅香气。

在这样娴静的时光里，沏一壶茶，捧一卷书，细细品味字里行间千山万水，柳暗花明。淡淡清欢，淡淡美好，一切如流水般，清淡，馨甜。然而，我知道，时光再美，终会老去，等到流光千转百折后，那时，是否依然会有这般静默的心情？

在静的日子里，看日光晃晃悠悠，看花缓慢地开放，总会轻易就想起几句诗："记得当时年纪小，你爱谈天我爱笑。有一回并肩坐在桃树下，风在树梢鸟在叫。不知怎么睡着了，梦里花落知多少。"

这样是幸福的。幸福得都叫人有些惶恐了，担心日子一侧身，好天气突然落满雨。

原来最快乐的时候，其实也并不总是十分快乐。

世间万万千千人万万千千事，终逃不过一个告别。

你要知道，只要你活着，就得面对这一切，无处可逃，也无处告别。

那么，还恐慌什么呢？世间还有什么事值得惧畏？横竖结局一样，所有殊途终将同归。那么，且享受过程，听从内心最深处的声音，放肆地活，孤勇而无畏。

也许，也可以什么都不在乎，只是做一个平凡人，平平安安过最世俗的生活，在烟火尘间，朝迎日出，暮送夕阳，安安静静直到老去。快乐就是生活最大的理想。这样也没什么不好。

疲了，倦了，累了，困了，让那些讨厌的感觉都去吧，让那些产生疲倦困累感觉的人和事都去吧，就像很不容易地告别一个最不喜欢的人，就像很不容易地辞掉一份你很珍惜的工作。

告别。告别。

"我哒哒的马蹄声是美丽的错误，我不是归人，是个过客。"

告别，无处告别，终要告别。

但无论经历多少场告别，都要在心中留一句话："生活不会使我厌倦。"

所有的告别，其实都是为着前往下一个路口。

人呀，人要在江湖之中又在江湖之外。

你羡慕的人，也在羡慕你

他似乎从一出生他的QQ签名档里就写上了一行字："我不知道自己想要什么样的生活，但我知道现在的生活不是我想要的。"

其实我只是想说，从我认识他到现在，这厮的QQ签名从未换过。他给人的感觉就是，生活欠他的，欠了很多很多，怎么补偿都不够。

偏偏不是那样。

他是典型的富二代，大学毕业那年，他的同窗们都在苦兮兮地挤公车上班打卡，他老爸给他买了辆福特，天天屁颠屁颠地去这玩去那玩。一年以后，他的同学继续苦兮兮地挤公车上班打卡，他结了婚生了个儿子但还是像个大孩子一样，拿着部cannon单反到处旅游。

他说他不快乐。

我听了我更不快乐。

他怎么可以如此不知足？或者说，他的不快乐是来自所有一切不费力气得来，于是他没了奋斗的快感？

想想看，当你天天苦兮兮地挤公车上班打卡给老板免费加班，身边有个富家子弟冲着你说不快乐的时候，你会怎样？如果眼神可以如剑刺人，想必你已拔剑千百次了吧？

或许他是真的不快乐吧。

你以为闲着有钱花就会有快乐吗？你以为梦想这东西挤挤就会有的？你以为你过着被别人羡慕的生活，那就是无比大的幸福？

是谁说的？"你过着被羡慕的生活，尽管你也在羡慕别人。"

当你早上6点钟在某个城市的出租房，从被窝里爬起来然后洗漱干净6点半出了门，去到街边的小摊喝了一块钱的豆浆吃了两块钱的油条，七点挤上了那辆开往公司的公交车，你在感叹生活，你想着今天不会迟到能在八点前打上卡，然后能跟你的美女同事上班的时候在QQ上说点笑话，中午食堂说不定有排骨，这个月全勤奖金有多少，就在这时，你想起了前两天你在同学聚会上遇见的初中同学小M。

你开始羡慕嫉妒恨了，你想着小M有个处长爹，在城里有三套房，一套小M和女朋友住，一套父母住，还有一套对外出租。于是你又想起了他女朋友，嗯，真不错，好像还是大学同学，长得也挺顺眼的。于是你看看自己，你发现你已经5年没谈过恋爱了。你渴望小M的生活了，不用买房，家在城市，有个混日子的工作以及一个靠谱的女朋友。

就在你羡慕小M的时候，小M可能刚刚从床上爬起来叼根几十块钱一支的香烟坐在马桶上，一边便秘着一边忍受着女友使劲拍打门，喊他出来，她要洗漱换装，然后小M想了下快过节了，他的处长老爹和他能收到大概多少钱或者多少礼物。小M又盘算了下自己要从中间拿出多少去孝敬自己的处长老爹，那个老烟枪，只抽中华。接着，小M又想起了自己的那辆破福特，开了快5年了。"不行！我得换车！"不过，刚工作没几年哪来的钱换车呢？他想起了前两天处长老爹带着他一起去吃饭，席上有某局长的女儿Y，小丫头跟他年龄差不多，却开着辆奥迪，模样长得也挺不错。"毕业了我们还要死要活地上班，她却开了公司！"于是小M开始羡慕小Y的生活了。

这个时候小Y正在床上，朦朦胧胧地眯眼，不想起床。她很绝望，昨天陪客户喝酒，其间客户手又不老实乱摸，虽然局长老爹很牛气，但是没办法啊，自己开公司的钱都是老爹给的，总不能一单生意不做全靠着老爹吧。然后小Y开始有点伤感，昨天喝醉了酒还要喊个代驾，因为她连个开车的男朋友都没有。也不能说没有啦，这么多年谈了这么多个：甲吧，挺帅的，就是家境太一般了，人有点儿土，聊不到一块儿去；乙吧，还算合适，就是个子太矮了，长得也一般；丙吧，她是真心爱他，可是他太花心了。小Y陷入了痛苦中，她想起一会儿还得爬起来去公司见客户，然后中午要陪客户喝个酒，晚上被老爹拉去庆祝某叔叔高升了，喝多后还是要代驾吧？忽然，她想起了一年前帮她开过车送他回家的一个小伙子小N，两人还一起吃过饭。小N家世代为商，现如今他在大洋彼岸读书，每天微博上传的照片都是各种风景各种美食。小Y羡慕了，我要不工作也出去留留学多好？

大洋彼岸的深夜，小N刚刚从餐厅下班往家走，然后他算了算，今天他又工作了5个小时，老板却只给了他4个小时的工资；还因为语言上有误解，被那个黑人大妈教育了一番，小费也没挣多少。他边走着边想着自己从小到大哪吃过这些苦，开工厂的老爸从来都是要钱就给。小N又想起了老爹，他不想花老爹的钱了，他也不小了，他想回老家工作，但是老爹老娘说一辈子就吃了没文化的亏了，"儿你放心读个博士出来，爹养着你读到30岁都不怕，爹还干得动！读出来你就可以给爹光宗耀祖，回来好好继承爹这么大个产业了！”小N内心有个声音给出了答案：“其实我不想接你的班，我只想和女朋友安安稳稳地过日子。”

这时小N想起了在大洋彼岸的女友，“她还能等我吗？”同时，他还想起了他的一个好朋友，正在他们家厂做销售的小P，他的日子多单纯啊，没有女朋友可以担心，每天过着自己的日子，有豆浆油条可以吃，有包红塔山抽很满足，每天勤劳工作，哪怕苦一点，也不用像自己这样患得患失啊！

看看，每个人都是这样子的，得到了很多，却渴望着更多。

大家往往都是生活中的瞎子，只有一只眼是睁开的，那只眼睛，只看到了别人有的，没有看到自己有的。

欲望是使人进步的源泉。你从小被父母灌输着努力、奋斗、拼搏的观念，从小被拿来和这个比和那个比，放眼望去每本书上都写着告诉世人如何成功的话语或秘诀，独独忘记了问自己，什么才是自己想要的生活。

你就这样长大了，没人想要自己的生活，没人觉得自己生活得很幸福。你发现周围总有比自己在某个方面好的人，于是当你长大后，不管成功不成功，你都会教育下一代，要如何如何。

你却没有问下一代：“什么是你想要的？”

因为你连自己都从来没有问过，什么是你自己想要的？

你从来不满足于现状，总渴望着他人的生活模式，你究竟在过别人想要你生活的生活，还是自己的？

你过分在意父母的期待，周围的舆论，迷失了自我；你羡慕别人，渴望得到自己没有的，得到了又觉得食之无味，弃之可惜。

正如某人所说：“有些人毕生追求的是另一些人与生俱来的。”平凡而又积极向上的大多数，奋斗了18年能够坐在星巴克和某人一起喝咖啡，这杯咖啡的味道，自然和另一杯不同，或许少了一点潇洒，担着岁月的沉淀和自信的坦然。

没有人能决定自己的出生，正如没有人能决定自己的智商一样。人生是一趟单向旅程，没有权利回头，也没有权利选择。人们彼此羡慕过，但每个人只能对自己的生活方式负责。

奋斗是一种快乐，得到也是快乐的。好多人，彼此羡慕着。

真正的幸福是别人无法拿走的

网络上流行着这么一个词：小确幸。

小确幸源自村上春树的随笔集《兰格汉斯岛的午后》，其中有篇文章名为《小确幸》，讲说生活中"微小而又确切的幸福"。其实整本书写的都是生活琐事，透过村上春树敏感独特的视角，日常平平无奇的闷人事物都变得轻松可爱，而且充满幽默感。

村上春树说，他自己选购内裤，把洗涤过的洁净内裤卷折好然后整齐地放在抽屉中，就是一种微小而真确的幸福。

真的，幸福就在我们触手可及的身边。只要你用心，一杯淡水、一壶清茶可以品出幸福的滋味；一片绿叶、一首歌曲可以带来幸福的气息；一本书、一本画册可以领略幸福的风景。幸福不仅在于物质的丰裕，更在于精神的追求与心灵的充实。

我想起有一天清晨乘坐公交车去上班，某站，车停下，上来一位老人，他六十岁左右，慈眉善目地笑着，站在车门的台阶上，边投币边大声说："今天太好了，刚出门不用等，就坐上了公交车！跟坐出租一样。"看他表情，仿佛一出门就能遇到公交车是一件无比幸运的事。

过了两站，还是那位老人，刚在一空座上坐稳，又上来一位更老的老者，一看年龄就比他大得多，先前的老年人赶紧站起来让座，嘴里不停地说："您坐，您坐，我还年轻。女士优先。"车上有人笑出声来。多可爱的老头儿，豁达、知足、懂得感恩、乐于助人。

车开开停停，乘客越来越少。离终点站还有两站的时候，老者一回头，见车上只有我和他两个乘客了，他笑了，说："还有人陪我到终点站。"

我也笑说："真荣幸，成了我们俩的专车了。"

看，多微小但又多确确实实的幸福呀。

村上春树说："没有小确幸的人生，不过是干巴巴的沙漠罢了。"他认为让生命熠熠生辉的，不是一夜暴富的狂喜，而是"小确幸"的日日累积。

如果你能把握那些"微小而又确切的幸福"，你就能拥有属于自己的别人拿不走的幸福。

幸福如同随处可见的阳光，但有些人却把目光投向别处，身在福中却丝毫感觉不到幸福。

据说，有一次，俄国作家索络古勒去看望托尔斯泰，他对托尔斯泰说："你真幸福，你所爱的一切都有了。"托尔斯泰马上纠正说："我并不是具有我所爱的一切，只是我的一切都是我所爱的。"

人们都渴望"有我所爱"，岂不知，"爱我所有"才是最大的幸福。

再直白一点说，幸福其实是一种心态。

境由心生，把自己的心态调节好，理性，洒脱，豁达，把幸福变成一种习惯，让它时时光临你的人生，让幸福的阳光分分秒秒都能照进你的生活。

心若向阳，何惧忧伤。不要掂量得太重，你简单了，世界才会简单。

有一年，我去著名的北极村漠河游玩，而我有个大学同窗刘大路就住在北极村。

我要去见他。

一进刘大路的家，迎面扑来一股特别的生活情趣和情调，那么鲜明，那么强烈，一下子就攫住了我的心。

"这么温馨，是弟妹的功劳吧？"我问一旁笑盈盈的刘大路的妻子。

"是我先有了做生活家的理想，她受了影响。"刘大路一脸的自豪。

"嫁他就随他呗，做个生活家也挺好的。"他贤惠的妻子端上菊花茶，语气里满是幸福。

"生活家？"

"很简单，就是把生活当作人生的头等事业。"

"我们每个人不都在为过上好生活，在辛苦地打拼吗？"我问他。

"为好生活打拼当然没错，只是许多人在忙碌中失去了生活的乐趣，一味地工作至上、事业至上，把人生的因果倒置了。"刘大路轻松的话语里透着玄机。

"因果倒置？把工作干好，事业有成，这不是很好的生活吗？"我想说这样的生活理念，早已深入人心了，难道有什么不对的吗？

"人生不过短暂的几十年，应该过一种平和、自由、安逸的生活，不要太过于看重事业的成功与否，也不要把工作当作生活的目的，而只当作生活的一种手段。"刘大路的观点，很容易让人情不自禁地联想到在瓦尔登湖畔生活的梭罗。

"那的确是一种人生境界，可是……"我想滚滚红尘中有那么多的名利诱惑，有那么多的牵绊，毕竟仅有极少数人，才能够像梭罗那样享受心灵的宁静与丰盈。

"而那正是人生的真谛，真正绵长的幸福，也正在那样舒适的生活里。"刘大路给我斟了一杯自酿的蓝梅酒。

"你说的有道理，我们许多人的奋斗，明明是为了让自己的生活舒适一些，结果却弄得焦头烂额，的确是本末倒置了。"我不禁想到生活当中那许多根本没有必要的忙碌。

"是啊，当一个人明白了心灵的自由与充盈，才是生命最可贵的，最值得追寻的，就会放下许多东西，看淡很多东西，就会跟着心灵的召唤，心平气和地做生活的主人，而不是做生活的奴仆。"刘大路的眸子里闪着可爱的亮色。

能够活到他这种境界，看似是一件容易的事情，但我想恐怕没有多少人能够真的付诸实践，且从容、淡定、欢欣。

许多人都在急速地追逐幸福生活的路上，反而远离了幸福，因为大家都忘了一个最简单的道理——唯有做生活的主人，拥有幸福的生活，才有幸福的人生。

而做生活的主人，首先你要做自己的心的主人。不是说心长在你身体里，你就是那颗心的主人了。只有你能调适并把握好自己的心态，你才是心的主人。

谁有好心态，谁就拥有了别人拿不走的幸福。

真正的幸福是别人无法拿走的。

你要学会让自己幸福。你要知道，幸福从来都不是世界的事情，而是你自己的事。如果你不幸福，那是你的错。

人活一辈子，开心最重要

有句话说："人活着首先是要开心，否则做任何事情都没有意义。"

还有句话说："活着要开心，因为你会死很久。"

这道理很容易明白，知晓这道理的人也很多，但要真的做到，又有几人？

于光远先生深知活着的真谛。他是著名经济学家，年近百岁，每天都要在电脑前工作12个小时，又是开设个人网站，又是写博客，忙得不亦乐乎。

于老先生有一个生活哲学，叫作"喜喜"。

什么意思？

喜喜，前一个"喜"字是动词，后一个"喜"是名词。意思就是只记有趣的事，从不回忆那些苦事，更不喜欢发愁。"就像疾病，本身已经让人很痛苦，我们何苦还要在心理上加强这种痛苦，为什么不想办法减轻这种痛苦？"于老先生说。

1991年，于老先生患乳腺癌住院，化疗以后白细胞很低，而且还染上了丙肝，只能躺着。怎么办呢？不能老唉声叹气吧。"我这人喜欢竞争、喜欢比赛，就和老伴儿比赛，看谁认护士认得多。"于老先生说，"那些护士露着脸都认识，一戴上口罩就不好认了，结果我输了。后来我们又比谁玩俄罗斯方块玩得好。"

有时候实在痛得不行，他就依靠写文章来转移注意力，转移痛苦。由于他只能躺着，所以他不是"写作"，而是"口作"，就是说，他口述字句，护士帮着记录。这样坚持写，最后在病榻上写出了散文集《病中记趣》。

住院期间，正好逢上春节。"我就跟医院申请，把病房里布置起来，挂上宫灯。医院照顾我，开了绿灯，护士们还给我送了贺年卡，这么一来，本来会有点寂寞的一个春节变得挺高兴的。"于老先生称自己为"大玩学家"，活到老、学到老、玩到老。"当然，这个玩不是瞎玩，要玩得有文化、有水平。"

"大玩学家"于光远还曾讲过一件趣事："文革"时候，于光远是被批斗的对象，经常被人押送"出席"批斗大会。有一天他实在不耐烦了，就对那些红卫兵说："不用押，我自己去！"他骑着自行车就头前去了。到了会场门口，门卫不让他进，他就问那门卫："里面开什么会呢？"门卫说是批斗大会。他又问批斗谁，门卫说批斗于光远。"我就是于光远，不让我进去，这个会你们开不成。"他说着就很得意地进去了，跟打了胜仗似的。

说起这件事，于老先生哈哈大笑。"对我来说，这个世界上除了那些苦事、悲事，还有很多趣事、奇事，我更愿意去想、去看这些事。"

是啊，有那么多的趣事和奇事能使我们愉快，为何偏要扯着苦事、悲事不放呢？

不过，也得承认呀，谁都有伤心难过的时候。那么，此时，就找个清净的角落，让自己静下来，使自己慢慢地遗忘那些纷纷扰扰的事情。慢慢冷静之后，把所有不悦的事情都悄悄隐藏在心底深处，再不开启那道门。

或者，给自己一个空间，尽情宣泄所有坏情绪。记住，那是一个秘密的空间，不打扰别人，更不伤害别人，不伤害你正常与人交往的时间。在那样一个无害的空间里，你把你的那些坏情绪拿出来晒晒。

让心情晒晒太阳。让灿烂明媚的阳光驱走心中的苍凉。

人生总有不如意，但那不代表失去希望，就像来了一场大雨，并不代表永远失去阳光。

人之一生，其实没有什么大不了的事情，如果人生交给你一个问题，它也会同时交给你处理这个问题的能力。

你要找到杀死烦恼制造欢乐的能力，就像那些所谓的烦恼找到你。

人要有能力让自己开心。活着就是要开心！

黄永玉先生说："一切的创作起点是快乐，很难想象一个人不快乐能做得出事。"熟悉黄永玉的人都知道，老先生凡事最爱讲个"好玩、快乐"。至于"意义"，若说人间事有何意义，那就是"开心"。譬如谈画画，黄老先生说"画画应该开心过瘾"，"我作画就是为了开心过瘾，没有那么多的意义要讲"。

只要开心过瘾就够了。

还记得看TVB电视剧，剧中常有长者对后生淡淡地又语重心长地说："所谓吉人自有天相，做人呢，最要紧的就是开心。"紧接着，长者往往要和后生说："饿不饿？我给你煮碗面……"是呀，吃饱饭了人就开心了。

TVB有部叫《巾帼枭雄》的电视剧，有句台词说得更是酣畅痛快："人生有几多个十年，最紧要活得痛快！"

痛痛快快，开开心心，这样活着，姿态挺好！

还在不开心吗？你知不知这样做好危险的？饿了吧，给自己煮碗面去。呐呐呐，喂喂喂，做人呢，最要紧的就是开心。

用自己的光，照亮自己的路

好几天了，因为工作上的一些小事情，你总是闷闷不乐。你觉得自己的努力没有得到应有的回报，你的真诚遭到了无情的嘲弄，上司训斥，同事窃笑，坐在办公室里，如坐针毡。

这样下去怎么能行呢？辞职是不可能的事，无异于剜疮补肉。但是，怎么办呢？

夜晚睡不着，翻书，见着一句话："事情已经发生，就让它过去。"真可谓醍醐灌顶。

一棵树已被砍掉，守着一地枯枝落叶难过，有什么用？太傻。不如丢开，重新挖坑植树。当然，你不要指望别人能给予你帮助，坑要你自己动手挖，树你自己栽，土你自己填。

你的坏心情要靠你自己清扫，如同清洁落满灰尘的房间，你得自己动手。

约了好友，去街上走走。

沿路遇见喜爱的零食，买一些。边走边吃。吃，总能让人很快就开心起来。你恍然大悟，怪不得许多人甘愿以吃货自居，四处饕餮。

一路行去，累了，恰好街边有石椅，坐下歇脚，发呆。

路人来来往往。

有些人面容愁苦，好像天要塌了；望着那愁眉苦脸，连你都忍不住替他们担忧。这时你才意识到眉眼愁苦的可怕，不仅伤己而且伤人。试想，谁愿意对着臭水沟呢？

有些人一脸笑，似乎正经历着天大的好事。这样的人真叫人开心，你望着他们，都禁不住地随着他们的微笑而笑。

你曾经听人说，爱笑的人往往运气都很好。是呀，好运气只找好心情的人。

在路边坐累了，你和朋友决定回家。

朋友提议，不如坐车回吧。

你们城市有许多人力三轮车，你们就坐了一辆人力三轮车。

招手，马上就有一辆人力三轮驶到了面前。一抬头，你怔住了：她，蹬三轮的，是一个女子，有三十几岁吧。关键是她的打扮，让你觉得眼前一亮。一条蓝底白花的绵绸无袖连衣裙，肩上披着洁白的披肩，防太阳晒的；头上戴着一顶好看的遮阳帽，脚穿一双高跟凉鞋，浑身上下很干净，很漂亮。看到她，你想起了一个词：优雅。是的，她很优雅，与平时你所见到的蹬三轮的人截然不同，看见她的一刹那，你就想，她肯定是你们那个小城蹬车族中最亮丽的一个，起码是你见过的最美的一个，和平常路上上班的女子有什么不同呢？

你的朋友和你一样，也怔住了，她看了看你，你看了看她，坐吗？

一个清脆的声音响起："快上来吧，这么热的天，我骑快点，你们能稍微凉快凉快。"蹬车女说话了。她的皮肤很白，表情很亲切，身材也很好。

坐上车，你心里的疑问一个接一个，可又不知道该从哪里问起。

"我知道你们怎么想的，这车是我老公的，他这几天病了，我俩都下岗，儿子在上中学，不干活怎么行？我的技术也不错，在家坐不住，就来了。天热，他非要我穿戴成这样，我也觉得没什么，街上的大姑娘小媳妇上班路上不都戴着吗？对皮肤好。这都是我以前上班时买的，你们不会笑话我吧？"她自己一口气说了这么多，你不禁有点激动，还没有说什么，她又说话了，"蹬三轮车挺好的，我跑了这几天，感觉不错，回家给他说一说，让他病好了以后给我也买一辆，我俩都跑，趁年轻，还能补贴点家用，双方都有老人呢。"

她回过头来朝你们腼腆地一笑，你忽然有想落泪的冲动。这样的生活态度令你感动。

朋友悄悄和你说："还生气吗？怎么样？受教育了吧？快乐也是一天，不快乐也是一天，何苦想不开呢？给自己一缕阳光吧！"

是啊，任何时候都不要忘了给自己一缕阳光，一缕面对生活微笑的阳光，它，拯救的不仅是你一时的心情，更可能会是你的整个人生！

你又记起几年前的一则新闻报道。

那是2008年，汶川地震，5月12日下午，什邡市蓥华镇中学教学楼坍塌以后，一百多名学生被埋在废墟中。5月13日凌晨，抢险官兵救出一位女孩。让官兵们感动的是，这个女孩被救出时，还在废墟里面打着手电筒看书。她说："下面一片漆黑，我怕。我又冷又饿，只能靠看书缓解心中的害怕！"

她的诚实如同她的坚强一样，让听者无不动容。

这个女孩的名字叫邓清清，什邡市莹华镇中学的一名学生。

与邓清清一样，另一名被压在废墟里名叫罗瑶的女孩子在手脚受伤的情况下，一遍遍地哼着乐曲，激励自己不要入睡。是的，她赢了死神。

灾难到来的一刹那，她们的人生处于黑夜，但她们给了自己一缕"光"——那是一缕希望的光，一缕自信的光，一缕对未来无限渴求的光……这一缕又一缕光，看似微弱，但它拯救的却是整个人生啊！

德国农学家苏力贝克发现：在黑夜里翻耕的土壤中，仅有20%的野草种子日后会发芽，但如果在白天翻耕，野草种子发芽率高达80%，约为前者的40倍。

这是为什么呢？苏力贝克通过进一步研究得出如下结论：绝大多数野草种子被翻出土后的数小时内，如果没有受到光线的刺激，便难以发芽。

人生何尝不是如此？

人之一生，有和风暖阳的日子，也难免会有风雨交加的夜晚。站在光里，你是快乐的。但是，即使再难过，即使整个世界黑漆漆的，你也要和光在一起。那份光，是你给自己的，在心灵上给自己一缕光。或许很微弱，但能使你明亮，给你温暖，给你一往无前的勇气。

想到这些，你觉得心情好多了。

你知道你将以何种姿态去行走，下一步路。你更看得清你要去哪儿。因为你有光。光源在你心中。你要微笑着优雅地去活每一天。

过往，不必介怀；世事，一切看淡

　　夏天来临时，休了一个月的假，回到乡下，淡然生活。

　　有天午后，去河里游泳，忽然传来阵阵雷声。看样子要下雨了。我游了一个来回就上了岸。这时雷鸣电闪，豆大的雨点落了下来。

　　雷雨天不能在河里游泳，因为雷电若击在水面，水导电，在水中游泳的人就会有被雷击着的生命危险，所以必须尽快上岸。

　　尽管不应当怕死，但无谓的牺牲是要避免的。

　　忽然，我想，人生一辈子要做到看淡一切，如果把死都看得很淡，那么对其他一切东西才会都彻底看淡。

　　倒也想起宋朝有个德普禅师，性情豪纵，幼年随富乐山静禅师出家，十八岁受具戒后，就大开讲席弘道。

　　宋哲宗元祐五年十月十五日，德普禅师对弟子们说："诸方尊宿死时，丛林必祭，我以为这是徒然虚设，因为人死之后，是否吃到，谁能知晓。我若是死，你们应当在我死之前先祭。从现在起，你们可以办祭了。"

　　众人都以为他在说戏语，便也戏问他："禅师几时迁化呢？"

　　德普禅师回答："等你们依序祭完，我就决定去了。"

　　从这天起，真的煞有介事地假戏真做起来。帏帐寝堂

· 038 ·

设好，禅师坐于其中，弟子们致祭如仪，上香、上食、诵读祭文，禅师也一一领受飨餮自如。

弟子们祭毕，各方信徒排定日期依次悼祭，并上供养，直到元祐六年正月初一日，经过四十多天，大家这才祭完。

于是德普禅师对大家说："明日雪霁便行。"

此时，天上正在飘着鹅毛般的雪花。到了次日清晨，雪飘忽然停止，德普禅师焚香盘坐，怡然化去。

禅师们的言行生活，看起来多像是在游戏人间。若说是游戏人间，他们游戏的何尝只是人间，连生死之间都在游戏。

其实，确切地说，他们并非游戏人间或游戏生死，而是他们看淡一切。

生固然可喜，死亦不必悲。再则，既然有生，怎能无死？要紧的是看淡生死。

能够看淡生死才能看淡一切，因为人生的一切都是围绕生命而存在，包括身体、家庭、金钱、权利、名誉等等，如果生命消亡，其他的一切亦会随之消亡。

一个人如果能够把生命都看得很淡，那么还有什么东西不能看淡呢？

人生万千，世事无常。不必纠结过往，亦不用惆怅未来，仅仅以一颗淡然的心，坦然地面对现在，足矣。

落叶飘零，孤独了这个秋，却是为了下一个春的开始；大雁南归，惆怅了这片天，却是为了下一个生命的孕育；草木凋零，枯萎了这个世界，却是为了一个新的开始。万物有因必有果，何必苦苦追逐苦苦纠缠。驾一叶心中的扁舟，载一颗淡然之心，在波涛骇浪中始航，只要心中有界，何愁彼岸无垠。

不必嫉妒别人的才华富贵，不必羡慕别人的娇妻美娘，不必痛恨别人的冷酷无情；不必沮丧自己的一时之败，不必炫耀自己的光彩夺目，不必苦恼自己的一事无成；不必为了徒有的虚名玩弄权术，不必为了自私的利益钩心斗角，不必为了华丽的外表穷追猛打。只要心下淡然，即使风雨交加，心中也自成一片艳阳天。

淡然，不是得道高僧的无欲无求，也不是隐士高人的不问世事，更不是市井混混的坐吃等喝。淡然，是一种不喜不悲的泰然处之，是心平气和地接物处世，是淡泊名利的自我修养。

有所为，有所不为；有所求，有所不求。持身待人，以责人之心责己，恕己之心恕人，渡尽劫难义尤在，相逢一笑泯恩仇。

人生在世，要的就是快乐！一切看淡，心也就不累。万事强求，只会给自己带来困扰，带来痛苦，不得开心颜。

说白了，选择看淡也就是选择一种视角。选择什么角度去看事物，是每个人的自由，也是每个人的智慧。但你应该知道：看法决定想法，想法决定做法，而做法决定了结果。

我在乡下生活了一个月，心中每日平静淡然，看日出，看田野里庄稼生长，看日落，觉得这淡然平静才是最真实的生活，也是最好的生活。

在城市，为许多人事牵绊，每一刻都陀螺似的转，心累，人累。其实仔细思想，不是生活的错，是活在其间的人的错，人们看不清活着其实就是为了最简单的快乐，反而将快乐建立在功名利禄之上。是为看不破，或者有人看破了，只是不能将之看淡。

累的时候，还是要放个假呀。去旅行，或者回很久不曾回过的故乡，简简单单地过日子，平平淡淡，轻轻松松，快快乐乐。

第二章
和自己好好相处
是一件了不起的事

所有爱和孤独都是自作自受

他们的儿子四岁的时候，他和她离婚了。

每件事的发生都不是毫无征兆。离婚的导火索是，她发现他有外遇了。

依着司空见惯的剧情，出轨的那一方往往会垂头丧气地请另一方原谅，并保证此后不再拈花惹草。然而，他没有请求她原谅，倒是十分坦然地告诉她，他对那个女子有感情。事已至此，他说，离婚吧。

她怎么受得了这打击？去公婆那儿哭诉，公公看看婆婆，婆婆望望公公，他们说，儿子已三十多岁了，他们也管不了了，自己的事情就自己处理吧。

她又去大姑姐那儿请求帮助，大姑姐也摊摊手，表示无法干预。

公婆家没有一个人肯帮她说话。

万般无奈，她去找小三哭闹，又对他苦苦哀求，说，只要他肯回头，她只当他从未有过外遇。

他叹了口气，说他很累，还是早点离婚各奔前程吧。

她当然明白他为何感到疲累。她不爱做家务，家中所有事情她都抛给他，孩子她也不肯带，孩子从出生到现在一直都是公婆在抚养。

知晓离婚的事后，她的母亲十分生气，生女婿的气，也生她的气，责怪她从前太过自私，只知享受别人的好，从不回报，比如说，公婆待她极好，她也从未表示出丝毫谢意，甚至很少有敬意。

有些人习惯了别人对自己的好，躺在习惯簿上胡吃海喝，觉得这一切都是应该的，丝毫不把对方放在眼里，甚至连嘘寒问暖的话都懒得说。此等只知索取不知奉献的人，前方有什么在等待？

所有人都不为她说话。

她终于开始反省，并积极弥补：给公婆买礼物，下班后早回家，抢着做家务……但是，她能明显地感觉到，全家人都像在看一只反常的猴子一样打量她，连她年幼的儿子都对她的反常感到很奇怪。

她所做的一切赢不回丈夫的心，他离婚之心十分坚决。她去他公司找他，和他吵闹，他则直接告诉同事，他们在办理离婚，且已分居，只是她心有不甘，所以才死缠烂打。

已到鱼死网破之时，再多的修补或拯救又有何意义呢？

已经发生的都是应该发生的。一切的一切都是必然的，没有偶然。种瓜得瓜，种豆得豆。有什么好奇怪的呢？所谓生活，说白了就是自作自受。

知道渔民如何捕捉章鱼吗？

一条章鱼可以重达70多磅，可是它如此大的身体却非常柔软。不要小看这柔软的家伙，它可是海洋里一个可怕的职业杀手。平时，章鱼总是将自己的身体塞进海螺壳里或者珊瑚的空隙里躲起来，等到鱼虾靠近，它就会以迅雷不及掩耳之势咬断它们的头部，然后注入毒液，将猎物麻痹至死而美餐一顿。

凶狠的章鱼逃不过渔民的智慧，渔民们把一些瓶子用绳子串在一起沉入海底。章鱼一看见这些小瓶子都争先恐后地往里钻，瓶子越小越窄它们越钻得厉害。最后，这些在海洋里极具杀伤力的章鱼，却成了瓶子里的囚徒，变成了渔民的猎物和美餐。

是瓶子囚禁了章鱼吗？显然不是，瓶子静静地放在海里，它不会走动，更不能去主动捕捉章鱼。是章鱼自己囚禁了自己，钻进了死亡的囚笼。

许多人不也是如此吗？

一个人陷入困境，不是别人推进去的，而是他自己钻进去的。

他的成败、他的起伏，其实都是他自己所作所为，埋下的种子都集中在他自己的言行、思想里面。

其实，每一个人不都是这样子吗？

我们每天做的事、说的话，我们每一个成败，不都是我们自作自受的吗？作好了，才能受好，才能好受；作不好，怎么能好受呢？

更直接一点说，生活都是自找的。

所有人的爱和孤独，都是自作自受。

你付出爱，或许不能得到相等的爱，有时甚至要承担一些委屈，但是，说到底你得到最多的还是爱，一点一滴都温暖你心，使你可以双脚坚定地立于大地之上，对更多人付出更多爱。

假若你拿出有损爱的姿态或言行，生活必会毫不客气地回击你，或早或晚要你吃到苦头，要你饱尝无爱或孤独。

你别抱怨，生活都是自找的。就像那只章鱼，往充满悲哀的瓶子里挤，是章鱼找上瓶子，而不是瓶子扑向章鱼。如果你遭遇痛苦、挫折、苦恼或失意，那一定是因为你曾做过许多能招引痛苦、挫折、苦恼或失意向你围攻的一桩又一桩小事。是的，或许只是一桩又一桩的小事，最终酿出你的大痛苦。

人们为什么说"不要让未来的你讨厌现在的自己"？

只因"人生就是自作自受"。

你的所有爱和孤独都是自作自受。

那么，为了不让未来的你讨厌现在的自己，请你认真地去做每一件事，认真对待每一个出现在你生活中的人，平和、宽容、坚强又上进。

别问别人为什么，多问自己凭什么

和朋友的妹妹有过一次漫长的交谈。那时，她正过寒假。

这位妹妹姑且称为小A。

小A读大四。在放假前的某天，习惯性地在临睡前和男友王同学QQ聊天。同宿舍一个女生十分不屑地问小A："看你恋爱挺认真的，难道你真的是奔着结婚去的？"

听了这话，小A很是震惊，脸色一下子变得难看起来。她想不通，那位同学为什么会觉得，她谈了一场恋爱，却不是为了追求最后能有一个圆满的结果，那位同学为何会有此想法？不过，小A很快就释然了。她知道，谁都永远无法用语言向一个从没吃过葡萄的人，描述葡萄的味道，因为不管是甜是酸，那人都不懂那种滋味。

那位同学姑且称为小B。

小B从大二开始，每年的节假日回家，都会被她的母亲安排相亲。相亲的对象无一例外是权贵，虽说不一定高和帅，但富肯定是逃不掉的。对此，小A很是想不通，一个刚过20岁年华正好的姑娘，为什么会像待价而沽的商品一样被推向展销台，而销售对象往往是要比她年长八九岁的男人？难道只因为怕下手迟了就找不到好的结婚对象？

其实，在学校里，小B有追求者且不止一个，但小B从没有给过谁一个明确的答复和结果。她可以同时跟好几个男生保持着淡淡的暧昧，那暧昧她拿捏得很好，追求者们都认为她还是单身。所以她总是能收到火红的玫瑰，有人陪着逛街，有人陪着吃饭，还有人陪着看电影。

规规矩矩踏踏实实恋爱的小A就不一样了，因为小A和王同学是异地恋，所以很多时候在同学看来，小A更像是单身。

小A只是想不通小B为何会问，"难道你真的是奔着结婚去的"？

好古怪的问题。

小A曾听人浪漫地说，爱情是灵魂的契合，就是一种感觉，无关其结果如何。她也曾听那些比较现实的人说，若能迎来爱情，不是因为你长得漂亮，就是因为你性格很好。

这两种说法小A都不认同。

在小A看来，爱情这东西，就是在你荷尔蒙迸发开始要寻找配偶时，遇到的一个可以给你带来愉悦感、并让你有跟他继续走下去的冲动的人，然后你们之间不断交流和摩擦，以至于最终达成共识，你们可以携手一生的一个过程。

是的，在小A眼中，爱情的目的就是为了寻找配偶，爱情的最好结果就是携手一生。

难怪小A听小B问："你恋爱真的是奔着结婚去的"，感到震惊，更感到自己的爱情受到玷污。

当然，这并不是说小A是个古板的姑娘，生来就只会中规中矩地生活。小A也曾经不切实际地幻想过，像偶像剧里的男女主角一样，谈一场天崩地裂你死我活的恋爱，即使众人皆醒我独醉也在所不惜。可随着年龄的增加，小A认为，当初的自己持有那种轰轰烈烈死去活来恋爱态度，是多么地幼稚。爱情哪有那么神圣？哪有那么轰动？平淡才是生活的最真面貌。

前几年，很是流行一句话，"不以结婚为目的的恋爱都是耍流氓"。小A深以为然。

小A还有一个同学小C，在大一时，小C和小A说，她只愿在大学谈场恋爱，不管结果，或者最好没有结果，就是感受一下大学恋爱的感觉就好了。现在大四了，她告诉小A，如果可能，她希望能一次恋爱谈到结婚，直接和初恋走进婚姻。

和初恋走进婚姻，这是一件多么浪漫的事。

小A一直都很羡慕她的妈妈，妈妈和爸爸就是一爱一辈子，生儿育女，耳鬓厮磨，那么简单、那么真诚。如今，这样的爱情似乎越来越少了。

如果说爱情真的需要什么条件才能引导出来，小A认为大抵两个条件已是足够：一是认真负责，二是门当户对。

认真负责这是必须的，就像人要出门就必须穿上衣服，或者人要活着就必须吃饭。如果你不认真、你不负责，你谈什么恋爱？没有责任感的人不配谈恋爱。

至于门当户对，不是说要像古代一样有门第之见，而是要充分考虑两个人的家庭环境、成长过程，什么样的家庭教育出什么样的孩子，这是人人皆知的道理。如果两个人的眼界、受到的教育，乃至整个人生观价值观都不同，那必然不会有什么好结果。

比如小B，小A说如果她是小B的男朋友，她绝对不会和小B结婚，当发现小B的真实心性后，她会毫不犹豫地和小B断绝来往。因为他们根本不在一个三观世界内，在一起只能带给彼此伤害。

纵使小B质疑小A的爱情观，但小A不愿意和她去辩解。她知道她改变不了小B，就像小B改变不了她。

小A也知道，对于她这个阶段的人来说，恋爱是一件有风险的事。因为她们还是学生，尽管一只脚已经踏进社会，但还是没有确定的未来，不知道五年后甚至两年后的自己会身处何处，做什么工作，有什么样的生活水平。那种不确定感，让所有的一切都变成了可能。虽然小A恋爱是奔着结婚去的，可她现在也不敢特别肯定地说，她一定会和王同学结婚。她不是预言家，没有通晓未来的本领。她现在所能做的唯一的事情，就是好好经营这份感情，用认真的态度，对自己负责、对王同学负责、对感情负责。

除非到领了结婚证的那一天，很少有人能言辞凿凿地确定自己将会跟谁携手走入下一段人生。可态度是你可以选择的。

不必为了爱情要死要活。只是，要得到一件东西，就要付出相应的代价，这是一种基本的认知。你连真心都不愿给，连认真都不愿意，凭什么觉得自己能得到爱情呢？没有免费的午餐，天上也不会掉馅饼。

你不愿意去接触别人，不愿意付出真心，不愿意认真对待感情，你凭什么会觉得，在你年龄合适的时候，会有一个各方面条件都很好的白马王子掉下来，牵着你进入婚姻殿堂，从此一生幸福直至归尘。醒醒吧，这梦做得有点美过头了。

你什么都不愿做，凭什么认为，你能得到爱情？

如果你身边有不少人活得很幸福，你不要去问别人为什么就能幸福，反而，你更应该扪心自问，你凭什么去获得幸福？

　　你有正确的生活态度吗？你真心并且全心付出过吗？

　　有个人对你不好，或者你认为那人辜负了你，你也不要急着去问别人为什么对你不好，或为什么要辜负你，你要问问自己，你都做了些什么，才结得今日之果。

　　是的，别问别人那么多的为什么，多问自己凭什么。

　　不要太急躁了，要知道路是一步一步走出来的。更不要忘了，做比想重要。想要往上跳，必须先下蹲；想要改变世界，就必须先融入。现实是，改变只能从内做起，才能扩散到外。

　　你还没有得到你想要的最好的爱，以及最好的生活，很可能只是因为你还不配拥有。

　　未来呢？

　　你要给生活上颜色，涂抹上你最喜欢的颜色，那就要改变。改变你的心，使你的心更贴近你想要的，使你的心和你想要的生活同一频率共振。

世界上没有最爱这回事

香港有个叫梁继璋的电台主持人，给儿子写过一封信，大意是说：

对你不好的人，你不要太介意。在你一生中，没有人有义务要对你好；没有人不可代替，没有东西必须拥有；世界上没有最爱这回事，爱情绝对会随时日、心境而改变；你怎么待人，并不代表别人怎么待你，如果看不透这一点，只会徒增烦恼。

香港还有个叫张小娴的女作家，也写过类似的文章。

张小娴说，有个女子给她写信倾诉心声，女孩在信中说："我一点儿也不后悔离开丈夫，因为我要找我最爱的人。"

年轻时候，谁不相信所谓的最爱呢？只是，时日渐远，我们才恍然明白世上根本没有你最爱的人。

所谓最爱，不过是一种比较。

比如那个致信张小娴的女子，她跟丈夫一起十年了，一切早就变得平淡，这个时候，突然出现另一个男人，填补她平淡的婚姻，她以为这就是她的最爱。

或许，再过一个十年，她和那"另一个男人"朝暮相随，感情也逐渐变得平淡了。到那时，她也许会忽然发现，"另一个男人"也不是她的最爱。

其实，世上根本没有最爱，只有你最不能够离开的人。

最爱，是从比较而来，A、B、C之中，你最爱A。最离不开的人，却无须比较，那人是和你共度最多悲痛与快乐的人，也是最适合和你厮守的人。

不停地找最爱的人，只是一个不负责任的人。所谓最爱，也许只是一条底线，你无论如何不会离开他，这就是你的底线；你不能辜负他，这就是你的底线。

在这条底线之前，你可以喜欢很多人，那些人却不能成为你的最爱。

可能我是个悲观主义者，从小到大参加过很多次婚礼，每次见到那海誓山盟的都会不由自主地撇撇嘴，心说等着吧，说得越好听的，散得越快。果不其然，我参加过婚礼的都散得差不多了，身边看起来幸福的那些人都是没当我面使劲发誓也没请我喝过喜酒的。我兄弟常挤对我，说我这种状况不叫悲观主义，只能说长了一张"乌鸦嘴"。

年轻时很爱说"最爱"这个词，最爱的衣服、最爱的音乐、最爱的书、最爱的人。好像没有这个极致的定语，自己推崇的东西就会变得普通。随着岁月的流逝，我现在越来越怕听到"最爱"这个词，觉得任何事一旦到了极致，好像就离死不远了。

有天听某行家讲酒，他每拿出一款酒都说这是最爱的一款。旁边一朋友听急了，突然说道："你到底有多少个最爱？如果都是你的最爱，我就偏不爱跟你一个口味，世界上哪有最爱这回事？"行家哑然，闹了个大红脸。我为朋友的直率浮一大白。

其实谈说"最爱"很无聊，就拿挑酒来说，每个人一定都挑他偏好的一类，"最爱"一定是暂时的，当你挑着它的时候它是你的最爱，可当时间、环境、人的因素不断变换，你会发觉"最爱"变了味儿。"最爱"只是一段时期安抚自己精神的兴奋剂。它会随着时日和心情而变化，所以当你发现你的最爱离你渐行渐远时，你一定要有些耐心和宽心，不要过分回顾它的好，也不要过分夸大失去它的悲。

这世界很残酷，没有人是不可取代的，也没有东西是必须拥有的。酒的世界也是一样，诸多有生命的红酒面临着选择，遇人不淑是常常的命运，人们随时更换着对这世界的兴趣，能携一瓶自己的最爱走过四季春秋是很少人能够做到的。一辈子很短，远没有我们想象得那么长，永远其实没有多远，我们为什么不能放下痴迷，对自己的选择好些，也对自己好些呢？

整天把自己捆绑在"最爱"上，或者终日碌碌只为寻找"最爱"，这样的人就是对自己不好。

说到对自己不好，却也又想，人人都对自己太好了。因为人都是自私的，所以每段情感的出发点也是自私的。前提是能愉悦自己，只有愉悦了自己的情感才是最爱。当一段情感不能愉悦自己的时候，就不能说是最爱了。因为，每个人最爱的都是自己，爱别人也是为了更好的爱自己。

在失去"最爱"的时候，自私的人就会在心里嘀咕："我都没放手，你为什么放手呢？要放手也是我先放手啊！"拥有的时候，不知道去珍惜，一旦放手后就又万般怀念。或许，怀念的不是旧情，而是那段斑斑驳驳的记忆里，自己的那份不甘心。

说白了，是自己过不了自己的那一关。

人都一样，放不掉的不是别人，是自己内心的纠结，是内心的那份不甘心。很多人都在不甘心里，自我挣扎。

你就不要再挣扎了，那样太累。

人活着不是为了让自己累得七荤八素，而是开心。

最开心的活法是惜取眼前人。

能和你在一起的人才是最值得你珍惜的。

譬如一瓶红酒，这世界上有那么多红酒，却不是每一瓶都能和你相遇。虽然没有永远的最爱这回事，但是每一瓶当时让你心生欢喜的酒，都会像亲人一样跟你只有一次的缘分，无论这辈子你们何时相聚、相处多久，你们在一起的时光都是难得的，值得珍惜。

何不惜取眼前？

别再去想什么最爱了，请踏踏实实雕琢现在。

下辈子，无论爱与不爱都不会再见

"下辈子，无论爱与不爱，都不会再见。"这句话一度风靡网络。

简简单单，却又那么结结实实，一下子就击中人心最深处最柔软的地方。

这句话源自香港主持人梁继璋写给儿子的一封信，原话如是："亲人只有一次的缘分，无论这辈子我和你会相处多久，也请好好珍惜共聚的时光，下辈子，无论爱与不爱，都不会再见。"

如果真有下辈子，那么，下辈子其实并不遥远，因为人生不过几十年，或者一百年，纵使再长也不过是弹指一瞬间，之后步入另一个世界，或许开始下一辈子。

下辈子在哪里呢？谁也不知道。

下辈子我们不知道，所以不实际。

上辈子呢？

有人遇见某个人，心里很喜欢，会说："我好像在哪里见过你。"在哪里呢？这辈子，在此次相遇前，你们分明没有交集的机会，那就是在上辈子遇见过咯。可是，上辈子的事，你们一点儿印象都没有。

还有很多人，在遭到伤害之后，总会在心里想："我到底是上辈子欠了你多少？否则这辈子怎么会被你欺负的那么彻底？"但是，说不定上辈子你们也是很恩爱的一对夫妻或者是相亲相爱的一家人。谁知道呢？就像没有人知道是不是有下辈子或上辈子这种东西。

　　我有个朋友，这女人活得很自在，她从不去要求或约束丈夫去做什么。有人问她，为什么那么纵容丈夫？她回答："不是纵容，也不是我管不住，而是我不想管。我的感情已经建立在他身上了，我的人生也已经花在他身上很多了，他不珍惜我们在一起的时间，那是他的事，至少我珍惜过，我没有遗憾了。"

　　是呀，你做好你应该做的，活在当下，至于其他，真不是你所能掌控的。那又何必做个耙子，横竖都搂一耙子呢？

　　如果你对某个人很好，那个人却辜负了你的好，就让他辜负去吧，你且转身走掉。

　　人的一生只不过数十年，何必要在一个不愿和你共同珍惜的人身上浪费这么多时间？你应该去陪伴想你珍惜这辈子的人，比如你的父母、你的兄弟姐妹。因为错过了这一辈子，你不知道是否有下辈子。

　　我那个朋友说，她总是对她的女儿和母亲讲："这辈子我们要好好地在一起，要珍惜老天爷给我们的缘分，我们不去想上辈子我们是亲人还是仇人，我们不去思考下辈子我们还会不会在一起，我只知道我们只有这一辈子。"

　　我们所能把握的只有今生今世。

　　今生今世，若能爱得悠悠长长、温温暖暖，何尝不是一种幸福？

　　如果，下辈子，爱与不爱，都不能再见。那么，请你将今生全部的爱都给予你的父母、你的情侣，还有你认可的人。今生的一切把握住了，你也就不会再有遗憾。下辈子的事是那么遥不可及。即使下辈子能见面，你们还是要从头开始；即使下辈子不再见面，你们也能重新找到自己在那辈子最重要的人们。不是吗？

下辈子，无论爱与不爱，你们都不会再见。所以，这辈子，和在一起的人好好相爱，请你将自己的爱毫不吝啬的付出吧。管他前世、今生、后世，只要把握现在就好了！

谁不曾被人辜负或辜负人

有些时候，你会禁不住想，如果时光可以倒流，那个人重回你身边，你们重新再爱一遍，该有多好。你是否愿意承认，你曾有过这样的想法？

或许，你想要与之退回从前的那个人，曾给了你很深的伤害。而时光，时光这个慈悲的长者，赐你智慧，你渐渐觉悟：当初，不是你不够好，也不是那个人太坏，只是那时候，你们两个人相爱，用错了方式。

怎会是你不够好呢？你若不够好，当初，那人在千万人之中为何单单看上你，和你相恋？

哪里是那个人太坏呢？那个人若是坏到一塌糊涂，你又不傻，当然不会看上那个人，还和那人卿卿我我，千般万般恩爱缠绵。

倘若当初爱的信物还在，翻翻你们那时的照片吧，看，那时的你们，对着镜头，笑的多甜。

那时的你们，一开始在一起，觉得每一分、每一秒都像春天开好了的花朵，不劳蜜蜂来帮忙，甜美得都流出蜜来。说那么多脸红耳热的情话、许那么多感天动地的誓言，你们两个谁都没有想过，有一天你们的热情会退减。

爱情这东西，像潮水，翻涌上来的时候轰轰烈烈，落退之时，无比湿浊、无比荒凉。又多像一场翻云覆雨之后，两个人躺在床上，疲倦地谁都不愿意动弹，不肯再说酥蜜的情话。

倒是有人先说了狠话，说对方对爱贪得无厌，或者说对方对爱不知检点。一个说了狠话，另一个肯定不依。谁会认为谁有错呢？总之那时候，你们的心，感性赢了理性那一面。

后来，终于闹到不可收拾，只好分手。

一段长的时光过去，所有的思绪都一点一点沉淀，再回头打量当时那个人那份爱，终于发现，那年那月对方有错，你自己也很不正确。你心想，倘若当时某些事发生，自己不那样处理就好了。譬如，当时如果不说那些负气的话，说不定你们将是另一番结局。

只可惜，有些道理，若要真的想个明白，还真得花去好多年光阴才可以。

更可惜的是，后来，许多事想通了，也于事无补了。就像寓言故事里的那个农夫，他的羊圈破了个洞，夜间狼钻进来将羊叼跑了。邻居劝他，赶紧把羊圈修一修吧。农夫说，羊已经丢了，再修羊圈还有什么用呢？是啊，恋情早已破灭，后来将事理想得再通透，又有什么用呢？能将那个人拉回来，重新再爱一遍吗？

可是，农夫的羊圈里还有其他羊啊，羊圈破了不修补，夜里狼再进来还会叼走其他羊。农夫接二连三地丢羊，终于醒悟，后悔当时不听邻居的劝告。农夫把羊圈修补好，从此，狼再也不能钻进羊圈叼羊了。饮食男女也一样啊，失恋后，若放任自己不去思索，以及沉淀并澄清自己，那么，失恋也就仅仅只是失恋，没有任何意义可谈，也没有任何教训可供吸取，等到下一次恋爱，重蹈覆辙，惨败收场。

也只有将所有过往都摊开，细细打量、思索、领悟、明白、通透、然后才想着，如果一切可以重来，如果能找回那个人，重新爱一遍，该有多好。

"后来，我总算学会了如何去爱，可惜你早已远去，消失在人海。后来，终于在眼泪中明白，有些人一旦错过就不再。"

"在这相似的深夜里，你是否一样也在静静追悔感伤，如果当时我们能不那么倔强，现在也不那么遗憾。你都如何回忆我，带着笑或是很沉默？"

这些，都是在很久很久之后，才会醒悟。

很久很久之后，谁知道那个人去了哪儿呢？

所有曾失去的，当然不会重来。所谓旧情复燃，所谓重修旧好，大多时候只是传说中才有的事。

不过，遗憾可以，哀伤倒就不必了。你和那人，人潮汹涌中相遇又相爱，分手。后来，你明白了如何去爱，这是那人来了又去的意义。爱恨扯平，两不相欠。要说可惜，可惜那几年你们两个没有缘。

黑暗的夜或明亮的早晨，都是丰盛的旅程

她和他在一起，哪怕是最快乐的时候，她都觉得心底潜藏着不安。这份不安的感觉，就像一头小兽，她无法将它驯服。

怎会没有不安呢？他就像风，令她捉摸不透，看似亲密，其实她内心清楚，自己从未真正地拥有过他。他向来都是若有所思的模样，她追随着他的目光，但还是看不穿他目光背后深藏着什么。

还好，他待她很好，满足了她对男人的所有幻想，亦满足了她对爱情的所有幻想。

她想，这就足够了。还能要求他什么呢？猜不透就猜不透吧，人怎么可以将另一个人完完全全看透呢？你我各是一个圆，有相交的区域，自然也有不相交的部分。能够在一起，和和睦睦相处，这样就好了。

她像个采集者。采集着与他共有的每一个瞬间，然后细细地收藏。倘若生命就是由一段又一段的旅程衔接而成，那么，与他的每一段旅程，无论喜或悲，挥汗或者落泪，都是独一无二的记忆，值得珍藏。

她和他说，听闻人老了后，会有大把大把的时间不知该如何打发，

等到我们老了，我们就坐在炉火边，细细数过往吧，且看谁记住的往事最多。

他问她，你怕老去吗？

她笑，我不怕，因为有你陪着。

那时的她并未对他讲实话。其实，她真的很怕衰老，更怕他不陪她一起老去，担心他突然不爱她了，突然离去。

所谓居安思危，是这个意思吗？

有一天，听张惠妹的《旅程》：春天的花，冬天的寒冷，都是色彩缤纷的人生……黑暗的夜，明亮的早晨，那都是我们丰盛的旅程……

听着听着她就难过起来。

虽然她知道，人生譬如旅程，或者人生就是由一段又一段的旅程衔接而成。但，这些道理她只愿意自己心底知晓，不愿意听旁人讲出来。说到底，她还是担心她只是他人生旅程中的一个过客。她多想做他一辈子的旅伴。

谁能陪伴谁一辈子呢？可是，有些人就是敢于承诺，说一些天花乱坠的誓言。或许，昨天刚刚说过不离不弃，今天却就吵着闹着各奔东西，所有山盟海誓瞬间成空。

对了，他从来不对她承诺什么。她想起来了，她心底的不安定应该就是源自他的从不许诺。

他为什么从来不给她一句承诺呢？连"我爱你"三个字他都十分吝啬，不轻易对她说出。是他不爱她吗，又或者他爱得不够深？

和朋友谈天，她说出心中的疑虑。朋友反问：是甜言蜜语重要，还是实实在在的拥抱更重要？有些人，擅长于做，不擅长于说。何况，做了不说远远胜过说了做不到。承诺是什么东西呢？承诺就像雾，一说出口，漫天大雾，很容易使人迷失；哪有什么雾是长久不消散的呢？风一吹，阳光一照，就散了。

不许承诺的爱人是最智慧的。承诺不过证明没把握，于是再三许诺，以提醒自己，给自己能量，继续爱下去。但，真正的爱情怎会需要提醒，又怎会依赖其他的能量来支撑？

细细一想，的确是这样。她静下心来，继续安安稳稳地爱他，安安稳稳地感受他沉默的爱，也安安稳稳采集她和他在一起的点点滴滴。两个人可一起行走多远，不重要，重要的是沿路都很开心。

身边的朋友，有好几对，爱了又分手了，只有他和她，一直在一起。没什么轰轰烈烈的大事儿，但也从来不缺少细碎的感动。屈指算算，他们相爱五年了。也是婚嫁的年龄了，有天吃晚饭时，他静静地望着她，轻声问，我们结婚吧？

结婚？电影中，男主角向女主角求婚，不都是单膝跪下，送上玫瑰送上钻戒的吗？他怎么就这样简简单单地求婚了呢？不过，顾不了那么多了，她望着他，差点忍不住落下泪来。她说，好，我们结婚，是时候了。

那天夜里，枕着他的手臂入睡，她感到从未有过的踏实。次日天亮，她去上班的路上，心底那头叫不安的小兽又溜了出来。她听见有个声音在问："就这样答应和他结婚，是不是太不够矜持呢？"另一个声音回应："对啊对啊，怎能这么容易让他得到你呢？太容易得到的，往往不会珍惜。"

一整天，她都是心神恍惚，直到下班走出大厦时，看见他在等她，接她回家，她才开心起来。牵着他的手，她想，算了吧，想那么多干吗，就算真的和他走不到白头，又有什么关系，至少现在，他和她在一起呢！

　　过去已经过去，未来尚未到来，活在当下最聪明。太远的事想了也是瞎想，不如不想。人生譬如旅行，旅程长短且不去计较，沿路都很开心，就好了。

人生原本就是一个"懂"字

很喜欢《等一分钟》这首歌，或许是因为那种遗憾中透着丝丝伤感的歌词击中心坎了吧。

"如果生命，没有遗憾，没有波澜，你会不会，永远没有说再见的一天？可能年少的心太柔软，经不起风经不起浪，若今天的我能回到昨天，我会向自己妥协。我在等一分钟，或许下一分钟，看到你闪躲的眼，我不会让伤心的泪挂满你的脸；我在等一分钟，或许下一分钟，如果你真的也心痛，我会告诉你我的胸膛依旧暖，那一年我不会让离别成永远。"

是的，明明知道你的胸膛依旧温暖，可是现在那份温暖已经属于另外一个人了。

有的时候，真的幻想时光可以重来一次，那样的话就可以重新选择一切，面对相同时间里发生的相同故事不会再重蹈覆辙，不会再走这样的心路。

可是，你想过没有，如果没有经历过遗憾，又怎么能懂得珍惜？如果不是遗憾，又怎么可以那么刻骨铭心，又铭心刻骨的去记住一个人？

有许多事必须要亲身经历过才会懂，有了遗憾，才有了可以回忆的片段，才有了令我们一生也无法忘怀的东西，它会在内心深处产生共鸣。

记得以前看过一部电视剧《半生缘》。不否认男女主人公是真心相爱的，但命运与缘分的捉弄使他们各奔东西，多年以后他们再次相见，痛苦万分，追悔不及，只剩遗憾。也许世间最大的悲剧莫过于两个相恋的人不能携手一生一世，但正因为有了遗憾，那份情义才越发显得弥足珍贵，既浸入骨髓又超然永恒。

又如梁山伯与祝英台的爱情故事，如若他们真的走到了一起，朝朝与暮暮，相伴一生，白头偕老了，那又何来千古绝唱的凄婉？

是否可以说，没有经历过遗憾的人生是不完整的？遗憾是一种感人的美，一种破碎的美。因为有它，人世间一切的真善美将更值得称颂；因为有它，生命将更值得去回味。

懂了遗憾，就懂了人生。

人生中，懂比爱，更重要。

人生，原来就是一个"懂"字。

许多人过日子总是很累。不管身边人做什么，都让他劳心劳力，伤心伤神。其实这世上，哪有这么多不如意，只不过是你的心思太重，想得太多而已。有些小事，想多了就变成大事。有些细节，想重了就变成惨剧。所以说，人重累人，心重累心。

世界很大，个人很小，没有必要把一些事情看得那么重要。做人要放轻松。有些事，你越是在乎，痛的就越厉害。放开了，看淡了，慢慢就淡化了。

活得平和，才能在心里装下满满的幸福。平和的人，放得下，看得开，想得明白，过得洒脱。

能容、能忍、能让、能原谅，平心静气。一个人，若思想通透了，行事就会通达，内心就会通泰，有欲而不执着于欲，有求而不拘泥于求，活得洒脱，活得自在。活得平和的人，心底踏实安详，云过天更蓝，船行水更幽。

生命，本就承载了太多的遗憾与无奈，没有必要责怪自己太多，给心灵一丝绿意，给他人一抹微笑，无关月圆月缺，不管缘来缘去。

生命中最值得欣慰的，莫过于一觉醒来，你发现太阳还在，你还活着，周围的一切依旧美好。

想想那些生病的人、那些残疾的人、那些正在遭受灾难和不幸的人，你还有什么理由抱怨生活？

心存感激地生活吧。我们来自偶然，生命是最宝贵的礼物。爱你所爱的人，温柔地对待一切，不要因不幸而怨恨和悲戚。无论前途怎样凶险，都要微笑着站定，因为有爱，我们不该恐惧。

没有什么烦恼可以不随风，没有什么纠缠可以不平复。人生不必过于计较，看得开，放得下。

不管昨天、今天、明天，能豁然开朗就是美好的一天。烦也好，恼也好；得也好，失也好，记得你的人生刚刚好。

一辈子最重要的事，
就是和自己好好相处

　　蒋勋先生在《孤独六讲》里说：你被孤独驱赶着去寻找远离孤独的方式时，会处于一种非常可怕的状态；因为无法和自己相处的人，也很难和别人相处，无法和别人相处会让你感觉巨大的虚无感，会让你告诉自己："我是孤独的，我是孤独的，我必须去打破这种孤独。"你忘记了，想要快速打破孤独的动作，正是造成巨大孤独的原因。

　　我第一次读到这段话，是在飞驰的高铁上，窗外一眼万里，但又什么也看不清。第一次感觉到坐火车也可以这么静默安稳，前后左右的人都是去同一个地方，但即刻就会各奔东西。我一直不太喜欢这种独自奔走千里的感觉。带着这份忐忑，看蒋先生如何讲说孤独。

　　我以为像他这样的智者，一定会给出一个解决问题的答案，然而没有。这也许就是智者所为。他很潇洒地说：孤独没什么不好，使孤独变得不好，是因为你害怕孤独。

　　我把他的意思理解为：你要学会跟自己玩。

　　或许说得再文雅一些：你要学会如何和自己相处。

人这一生，相处最长最久的人就是自己，但往往我们忽略了自己，对自己的了解少之又少。

我曾问我的朋友们：观察过自己怎么笑最漂亮吗？什么样的表情有自信、有魅力？

很少人能够很好地回答这个问题。

其实每个人每天总是要照镜子的，却不知道自己怎样的表情会有怎样的效果，因为我们总是无法静下心来"看看"自己，总是在逃避自己。

有位朋友听完我的话之后，晚上回家照了镜子，试图找出自己最有魅力的表情。她和我说："笑得都僵了，才发现，原来自己从来没有好好地看过自己。"

现代人总是那么着急，既不想花时间了解一个人，甚至也不愿花时间与自己相处。

很早以前，大约20世纪七十年代时，法国人做过一个社会调查，社会学家们发现很多人回到家后打开电视、打开唱机或收音机，但是他们不看也不听，他们只是要一个声音在自己的身旁。这个调查探讨城市化以后人的孤独感，指出在商业社会里，人们不敢面对自我。

21世纪的今天，不知法国人是什么样的心理状态了，可很多中国人似乎正处在那个孤独感强烈又不能学习独处的阶段。

有朋友告诉我，她在国外做大学教授的朋友，回国居住一段时间，却常常联系不上，因为这位朋友很少把手机放在身上，这对于用惯手机联系的我们来说，很是不习惯了。而她朋友的先生也是用着早就被我们淘汰了的翻盖式老手机，平时出门上课也不常带在身上，在他们的生活中手机是可有可无的。

这样的生活方式是不是早被你遗忘了?

如果没有各色电子产品,没有网络、没有音乐或电视,你能在安静的环境里怡然自得多久?追求感官享受,并且不能停下追逐的脚步,这是现代人逃避着孤独感。如果不能学着与自己相处,很难有健康的生活。

我还有几位年近四十未婚的女性朋友,她们非常懂得跟自己相处。有位女朋友可以跟她养的两只猫共舞;有位女朋友非常懂得营造自己的生活乐趣,喜欢一个人在家烧着精油、点着蜡烛,让自己处于充满香氛又浪漫的环境中。

而我喜欢一个人逛街,胡思乱想,甚至自言自语。

过去我也曾为了逃避孤独,时常呼朋引伴聊天狂欢。

但热闹过后,留下的却是更为深刻的孤独感,总让人感伤落泪。其实寂寞或孤单从心而起,外界的热闹只会让孤单的心更为孤单。对付孤独与寂寞的最好办法就是学会跟自己相处。

和自己相处不是与世界划清界限,是保持心的觉知与独立,不在内心制造战争,不嗔恨自己,不嗔恨世界,所谓"不念过去,不念未来,只念当下"。心变得柔软丰盈,生活也会因此简单而快乐。如果用满足欲望来逃避孤独,那么逃得越快,孤独追的越紧,你将不停地处于寻找中,永无终止而身心俱疲。

不要忙个不停,每天留些时间面对自己。了解自己,学会和自己相处,才是人生的头等大事!

我们忙惯了,总觉得不做些什么是在浪费生命。其实,无谓的忙碌才是对宝贵人生最大的浪费。

一个能和自己相处好的人,是一个真正的智者。因为跟自己相处,要比和他人相处难得多。

和别人相处，我们是站在旁观者的立场上，能客观地看待一个人——优点易现，缺点无遗。

和自己相处，通常情况下我们会犯自以为是的错误——"我还不了解自己吗？"事实上，你真的了解自己吗？你了解自己，为什么还常常失败在自己的优势上？为什么还会一而再再而三地犯同样的错误？所以，一个人最可怕的地方，是认不清自己。

和自己相处，就是让我们静静坐下来，卸下负担，抚慰心灵，清楚自己身在何处、心往何方。

和自己相处，就是让我们对他人不抱怨，对挫折不气馁，对自己不放弃。

和自己相处好了，我们的生活变得明净而简单，还会拥有更多的成功和情谊。

我们的这个自己，还要与之相处几十年，因此找到自己、面对自己，并且与自己相处，在这纷扰的世界里，找到一条可以跟自己更好相处下去的路，将会是我们这一生最重要的功课。

最重要的是老老实实地满足自己

乘坐公共汽车时，我喜欢做的一件事是，静静地坐着，听周围的人谈话聊天。尤其是女人间家长里短的闲话。这并非恶意偷听。他们交谈的声音那么大，有时候我不想听也是没办法的事。闲着也是闲着，不妨听听，听听人们都在想什么，最关注什么，又是用什么样的态度来对待生活。

有年轻的女孩子这样说："我男朋友喜欢我留长发，没办法，只好留起来呗。其实我倒是喜欢短发，干练，也方便。"

也有女孩子说："我暗恋的那个男人，他喜欢娇弱型的女孩，为了引他注意，我就天天不吃午饭，在电梯里遇见他故意装出体虚气弱的样子。这一招还真管用，他以为我真的是林黛玉呢，都开始主动约我了。一起出去的时候，他嘘寒问暖的，真体贴！"不过这女孩子话锋一转，叹气道："其实我最讨厌的就是林黛玉那型的了，没想到却为他做了一回林黛玉。咳，更可怜的是我的肚子，天生的大胃王，不能吃饱饭简直比用刀子扎我还难受！"

我在旁边听着，也替她感到可怜。但我只是一个陌生人，不能贸然上前给她讲道理，要她做回她自己。

有一次还听见一个女人说："一起出门，老公只允许我穿套装，觉得这才显得体面。可这样子显得多老气！没办法，谁让他喜欢呢？"

穿自己一点儿都不喜欢的衣服，想必她得这样委屈自己一辈子。这个女人真可怜，一辈子啊，想想都觉得可怕。

说白了，她们千方百计地想讨好男人。

但她们不知道，当她们在想如何去讨好男人这个问题时，就已经注定了不会成为一个男人喜欢的女人！

或许，会有那么一些女人很幸运，将自己低到了尘埃里，果然赢得心上人的疼爱，过上两情相悦的幸福生活。但我想，作践自己换他怜爱，这样的女人大多是不幸的，男人不买她的账："我说什么就是什么，你可不可以有一点自己的主见！"

更可怕的是，某些傻姑娘为了赢得心仪的男人的欢心，竟动了歪念头：用身体诱惑他，以为可借此征服他。

这样的姑娘，还真有不少呢。不过，如果肯留意，会发现，到最后，那姑娘的结局往往是悲凉的：男人得到了她的身体，得到后，就抛弃了。

想想看吧，被人们称为下半身动物的男人，如果有姑娘主动投怀送抱，他要不要？傻子才不要！他要是要了，心底还会窃笑不已："这女人真傻，这样的傻女人谁会和她恋爱结婚！"真可谓是"赔了身体又折兵"啊！

真正懂爱的女人，一定知道：取悦男人不如取悦自己。更关键的是，现实生活中常常是这样的：女人越是矜持越是懂得取悦自己，反而越有男人主动上前献殷勤。

看看身边那些鲜活的例子吧，哪一个被男人苦苦追求的女人不会爱自己，她们将自己养得神清气爽、花枝招展，像个公主一样，就算她冷若冰霜，还是会有男人主动守在她门口，取悦她，费尽心思博红颜一笑。

世界上最蠢的事，莫过于费尽千方百计地去讨好他人。

一个女人做的最不体面的事，是将自己低到尘埃里讨好一个并不爱她的男人。

将自己低到尘埃里，选择这种姿态，是因为中了张爱玲的毒吗？

张爱玲很爱胡兰成，在她送给胡兰成的照片背后，写着这样一句话："遇到他，她变得很低很低，低到尘埃里，但她心里是喜欢的，从尘埃里开出花来。"

是的，女人都是爱情动物，一旦情迷某个男人马上就心慌意乱起来，平时做事甚有分寸的女人也顿时阵脚大乱溃不成军。聪明智慧如张爱玲都难逃此劫。她爱胡兰成，为了讨好他，做了许多令人瞠目结舌的事。结果呢？胡兰成并没能给予她想要的幸福生活。

连才华倾城的张爱玲都吃了拼命讨好男人的亏。前车之鉴，后事之师，是该醒悟了。

要知道，爱的目的是取悦自己。

这话说得太过绝对？好吧，我们来谈谈：请问，你爱一个人是为了什么？为了去做伺候他起居给他端吃端喝的保姆？为了改变自己原来的脾性，放弃自己心爱的许多东西去将就他，以求能够换得一些所谓的喜欢？

肯定不是！

你想和他在一起，是因为你爱他，更希望他能用同样的姿态来爱你，给你幸福生活。说到底，你只是想要自己过得好一些，取悦自己的心，欢欢喜喜走完人生之路，这样才不枉来世上一遭。

所以，爱的目的其实是为了取悦自己。

世间所有爱皆是如此。同世间所有人相处，都不应低下自己的身去刻意讨好。一旦动了讨好的心，彼此之间的情感就变了味道。而那被讨好之人，面上待你再欢喜，其实心底是鄙夷你的，以为你低他一等甚或几等。

任何时候，赔着笑脸低三下四要来的，那乞求之人，后来每每想起，都难免如鲠在喉。

一个活得漂亮的人，从不会去讨好谁，而更在意自己内心的丰盈。因为他知道，靠讨好换得的东西，如风，有谁见过一场风可长年累月地刮？

不讨好他人，只满足自己，需要什么就去努力补充什么，譬如一场远足，你的车里缺水少粮，向别人乞求能讨得多少？应该转向自身求，自己往车里放足够的干粮和水，然后自驾游。这样的人生才有意思。

不虚度光阴，不辜负己心

窝在沙发上看一档求职的电视节目。

这次登台的是一个哈佛留学回来的女子，她沉着、睿智，主持人和招聘方抛来的问题，她总能轻松解决，赢得喝彩声一片。最后，她成功应聘一家知名企业，年薪十万。紧接着，上场的是一名国内某普通大学毕业的本科生，他说他家庭经济条件不好，想靠自己的能力为父母分担生活压力。是的，出身优裕和穷人家出来的孩子，身上即使不贴标签，人们也总能一下子就分出谁富谁贫，穷人家的孩子往往有藏不住的自卑，比不得富家子女一亮相尽显优雅从容。他一上台，拘手拘脚的样子让人看着很心疼。因为太过紧张，他的表现不如人意，被现场所有的企业拒绝。然而，他是坚强的，有一股拼命三郎的劲头。离开舞台时，他大声说："我还会再回来的！"转身，笑着离去。

看着别人的故事，她心底百味杂陈。

忽然想起去年，参加一留学中介的讲座。让她和好友思思吃惊的是，除了她们两个是学生本人，其他人都是学生家长。那些家长似乎不是来了解留学信息的，而是来比阔。她数了数，仅她所在的那一排，有5个LV、

3个Gucci，并且个个戴着金戒指、金项链。再看看自己，一个背包，背带还磨破了。而她的鞋子也是旧的，被雨水打湿了一半。坐在那些闪闪发光的家长中间，她哑然失笑，隐隐感到有些囧。

她终于坐不住了，和思思一起逃了出去。一路上，站公交、换地铁，折腾了两个多小时，谁也没有说话。下了车，又是一阵沉默。天热，口渴难耐的她们去路边的便利店各买了一瓶矿泉水。思思对她说，上一个暑假回去，她还在帮着奶奶喂猪，偶尔也去地里割草喂羊。她笑了笑，没接话。她也是来自农村，自然明白农村孩子的生活。

穷人家的孩子，往往对物质更为敏感。虽然心底没有嫉妒，但到底会忍不住暗暗叹气。

思思曾和她说，前不久为一个女士做成人英语家教，那女士想移民。琢磨着移民的人，家境自然不穷。那位女士在城内最大的商场开有一家美容院，开奔驰、月消费两万，其公公是政府高官，其丈夫是房地产老板。思思说，有次去那位女士家，正赶上这富家太太在网购，看中了一国外名牌衬衫，让思思帮忙看看。两个人讨论一番后，富太太说，就买了吧，不合适再说，反正也不贵，才两千多。思思听了，暗暗地吐了吐舌头。

人和人的差距怎就这么大呢？她们常常为几十块钱一件的衣服而翻来覆去地比较，好不容易下定决心买了，若是穿着还不错，自然高兴；若是不如意，要不痛快好长一段时间，为那几十块钱花得冤枉。

许多时候，心里感觉不平衡时，会劝慰自己，不要和别人比较，毕竟起点不同，生活平台不同，没有可比性。也会激励自己，要更努力，使自己更优秀，去创造好生活。

她清楚地记得，比尔·盖茨说过一句话："这个世界，本身就是不公平的。"这话说得真对。

明知不公平那又怎样？来到这个世界上，就像无法选择容貌一样，每个人都无法选择自己的出身，无法选择贫穷或富有。唯一可以选择的是直面人生，努力奋斗，使自己成为优秀的人。

只是，有时候，纵使很努力，似乎也改变不了什么，反而为曾付出的努力感到气馁。

她记得小时候在幼儿园，常常玩一个游戏，小朋友们围成一圈，老师挑选六个人站在中间，只有五个座位。大家拍手唱歌，中间的孩子就绕着座位跑，音乐突然停下来，六个小朋友们就要去抢座位，往往有个人会多出来，不知所措地站着。

这种游戏其实一点儿都不好玩，甚至可以说是残酷的，因为注定有一个人会多出来，再认真再努力，也会成为失败者。

然而，世界就是这样，无论你做什么事，无论你长到什么年纪，其实都逃不出"抢座位"的游戏。比如某公司招聘，几百人应聘，但招聘方只招收两人。总会有人多出来，总会有人成为失败者。

没法子，诚如盖茨所说，这个世界，本身就是不公平的。

活着，有太多东西是我们无法改变的，但也总有一样东西，如果我们愿意，就可改变，那就是心境。

一个人，不能因为自己的出身就放弃努力，放弃成为优秀的人。努力了，也自认为有足够的能力了，并不一定就意味着做什么事都可以成功；倘若失败，其实还是可以有所选择的，即成为一个快乐的人。

在她小的时候，母亲总是和她说，好好学习，好好做人，但也不要太有压力，尽自己的全力就够了，能怎样就怎样。

母亲读书很少，只会写自己的名字，认得几个数字，但母亲所告诉她的，却是至真的道理。

在她觉得生活难过的时候，就会想起母亲的话。

尽力就好了。改变所能改变的，接受所不能改变的。无论何时，无论何地，无论承受什么事，都尽力而为，余者顺其自然。当然，最重要的是保持快乐。

她想，很多东西实在没必要和别人比较，如果要比较，就比一比谁更快乐吧。只有这一点，她才能展示自己生命的张力，也只有这一点，是她能够去控制的。

这个世界上，有太多人想要成为优秀的人，也有很多人一直都在努力，有人如愿以偿，有人尝受失败。其实，是否优秀，人人可以自己定义。尽力去做了，即使没能获得想要的，也可称得上优秀，因为不曾虚度光阴，不曾辜负己心。

那就快乐吧，能够快乐地活着，是一种出色的能力。拥有此种能力的人，是优秀的。

你只管负责精彩，老天自有安排

有人羡慕风，说风是自由自在的，想做风。但是，你知道的，风在行进的途中，会遇见大树，遇见墙，也遇见高山。风怎么办？

要是一片叶子一根草挡住了路，风轻易地就把它们卷走了。大树、墙、高山呢？风要想卷倒它们，就要提高风速和风力，五级风不行，就要六级风或十二级风，台风，龙卷风……

要做风，你就得有风的能量。不要单单看见风的自由自在，却忽视了风在受到阻拦时所爆发的力量。

有些人，什么快乐都能享受，就是受不了吃苦。或者说，这边吃了一点儿苦，就赶紧换地儿，以为另一边风景独好，去了那边就能享清福。不料，另一边的生活也不是好混的，该吃的苦头一点都不会少。怎么办？再换地儿？

小时候听大人讲过这样一个故事：有一只美丽的仙鹤，想在情郎生日那天送上一块漂亮的手帕，还想着在手帕上亲手绣上一朵花，要情郎看着就欢喜。绣花绣到一半，来了一只孔雀，问："仙鹤仙鹤，你在绣什么啊？"

"绣桃花呢。"仙鹤红着脸说。

"为什么要绣桃花呢？桃花开得好看，但是很容易凋败啊，拿这个送给情郎，太不吉祥了。不如就绣月月红吧。"

说的有道理，仙鹤就拆掉手帕上已绣的金线，重扯线，绣月月红。

正绣得出神，来了只锦鸡，对她说："月月红的花瓣太少了，不漂亮，为什么不绣朵牡丹花呢？牡丹花多好，雍容富贵！"

嗨，这锦鸡说得也对啊！仙鹤就把绣好的线再次拆掉，改绣牡丹花。

绣啊绣啊，都快绣完了，飞来一只画眉，指点仙鹤："为什么要绣牡丹呢？你们爱在水边歇息，应该绣荷花才好啊，荷花代表纯洁呀！"

天哪，这画眉比孔雀和锦鸡高明多了，仙鹤记得情郎最爱去鹤乡附近的那片荷塘散步了，绣荷花才是最妙的啊！拆掉牡丹，绣荷花……

就这样绣来绣去，情郎的生日到了，仙鹤一朵花都没有绣好，更不要提给情郎送漂亮的手帕了。

老天没有给仙鹤时间吗？给了，给了她充足的时间去绣好一朵花，但没有给她太多的时间让她瞎折腾。

其实，成功是一件非常简单的事情，只要选对一件事，并坚持去做，路自然就越走越顺。遗憾的是，许多人过于怕苦或过于急功近利，东边转转，西边跑跑，结果一事无成。

身边有不少这样的人，看起来野心勃勃，一副不甘平凡的样子，也为了不甘平凡四处奔波，但辛苦了大半辈子却依然两手空空，白忙一场。为什么？

那些人始终没有闹清楚自己到底想要什么，只是盲目地频繁更换自己的行进路线，看到哪里有钱赚，就跑过去，干了一阵子发现赚不到钱，又去寻找别的途径。到最后，他成了阅历非常丰富的人，却没能获得成功。

怪谁呢？怪自己。如果一个人为了追逐利益，哪里有钱就往哪里奔，赚不到钱就跑，那他很难吃到这块肥肉，因为同时在抢那块肥肉的人太多了。抢了一阵子抢不过别人，又去其他地方争抢。无论去了哪儿，永远都只不过是个半路出家的和尚，取不到真经。

听说过那个关于挖井的故事吧？有个人，想挖一口井。挖井当然是为了吃水。挖啊挖，挖了几米后，看不见泉水冒出来，他泄气了。想着，肯定是这个地方没水，那好，换个地方再挖。在新地方，又挖了几米，还是看不见泉水。继续换新地方，挖新的井。就这样，这个人到最后也没能真的挖成井，没有水，他渴死了。

哪能打一枪换一个地方呢？比如说，东山有你想打的野猪，你冲着野猪放了一枪，没打中，你抬腿就跑；跑到西山，冲着野鸡又打一枪，还是没打中，是不是接着跑去南山，再跑去北山？

老天给每个人的时间和机会，是有定量的，如果不断地变换自己的路线，时间用光了，可能什么都还没做成。

你要知道，成功就是将一件简单的事情持续去做，要持续去做。如果只是想着去做，却从来没有真刀实枪地去干，再好的想法也是白搭；如果做着做着就溜号了，想成功，也难哪！

还有，持续去做一件事，这是好的，但在做的时候，请你放弃那些功利的念头。正如著名演员文章所说："在我做一件事情的时候，我不会去想它的延伸的一些东西，比如带来的名、利，我不去想这个。我只把它想得最简单，就是做。我爸说过一句话：一件事要么你别做，要做就把这事做漂亮了。不是它的结果漂亮，至少做这个事的过程要漂亮。"

不去想结果，只想将一件事的过程做得很漂亮的文章，在29岁这年，凭着电视剧《小爸爸》一部作品完成了两件大事：作为演员，他让自己拥有了一部有强烈"文章"风格的作品，同时也让自己拥有了一部作为导演的代表作。

生活既是如此，又纠结什么呢？你只管用心去做，只管负责你所能呈现的精彩，剩下的，老天自有安排。

你要相信：你若盛开，清风自来。

心中若有桃花源，何处不是水云间

有一天，我为小侄子辅导功课时，在他的语文试卷上读到这样一个故事：

南山下有一座庙，庙前有一株古榕树。

一日清晨，一个小和尚起来洒扫庭院，见古榕树下落叶满地，不禁忧从中来，望树兴叹。

忧至极处，便丢下扫把奔至师父的堂前，叩门求见。

师父闻声开门，见徒弟愁容满面，以为发生了什么事，急忙询问："徒儿，大清早为何事如此忧愁？"

小徒弟满腹疑惑的诉说："师父，你日夜劝导我们要勤于修身悟道，可是，即使我学得再好，人难免有死亡的一天。到那时候，所谓的我，所谓的道，不正如着秋天的落叶、冬天的枯枝一样，被一堆黄土所埋没吗？"

老和尚听后，指着古榕树对小和尚说："徒儿，不必为此忧虑。其实，秋天的落叶和冬天的枯枝，在秋风刮得最急的时候，在冬雪落得最密的时候，它们都悄悄地爬回了树上，开成了春天的花，长成了夏天的叶。"

"那我怎么没有看见呢？"

"那是因为你心中无景，所以看不见花开。"

说得真妙：你心中无景，所以看不见花开。

记不得在哪儿曾读过这么一首诗："心中若有桃花源，何处不是水云间？成佛无须菩提叶，梧桐树下亦参禅。"

"心中若有桃花源，何处不是水云间"，和"心中有景，时时花开"有异曲同工之妙。

生命，譬如一树花开，或安静或热烈，或寂寞或璀璨。日子，就在岁月的年轮中渐次厚重，那些天真的、跃动的、抑或沉思的灵魂，就在繁华与喧嚣中，被刻上深深浅浅，或浓或淡的印痕。

于无声处倾听凡尘落素，渐渐明白：人生，总会有许多无奈，希望、失望、憧憬、彷徨，苦过了，才知甜蜜；痛过了，才懂坚强；傻过了，才会成长。生命中，总有一些令人唏嘘的空白，有些人，让你牵挂，却不能相守；有些东西，让你羡慕，却不能拥有；有些错过，让你留恋，却终生遗憾。

在这喧闹的凡尘，我们都需要有适合自己的地方，用来安放灵魂。也许是一座安静宅院，也许是一本无字经书，也许是一条迷津小路。只要是自己心之所往，都是驿站，为了将来起程不再那么迷惘。

红尘三千丈，念在山水间。生活，不总是一帆风顺。因为爱，所以放手；因为放手，所以沉默；因为一份懂得，所以安心着一个回眸。也许，有风有雨的日子，才承载了生命的厚重；风轻云淡的日子，更适于静静领悟。

深深懂得：这世界上，并不是所有的东西都符合想象，有些时候，山是水的故事，云是风的故事；也有些时候，星不是夜的故事，情不是爱的故事。生命的旅途中，有许多人走着走着就散了，有许多事看着看着就淡了，有许多梦做着做着就断了，有许多泪流着流着就干了。人生，原本就是风尘中的沧海桑田，只是，回眸处，世态炎凉演绎成了苦辣酸甜。

喜欢那种淡到极致的美，不急不躁，不温不火，款步有声，舒缓有序；一弯浅笑，万千深情，尘烟几许，浅思淡行。于时光深处静看花开花谢，虽历尽沧桑，仍含笑一腔温暖如初。

其实，不是不深情，是曾经情太深；不是不懂爱，是爱过知酒浓。也许，生活的阡陌中，没有人改变得了纵横交错的曾经。只是，在渐行渐远的回望里，那些痛过的、哭过的，都演绎成了坚强；那些不忍遗忘的、念念不忘的，都风干成了风景。

站在岁月之巅放牧心灵，山一程、水一程，红尘、沧桑、流年、清欢，一个人的夜晚，我们终于学会了：于一怀淡泊中，笑望两个人的白月光。

盈一抹领悟，收藏点点滴滴的快乐，经年流转，透过指尖的温度，期许岁月静好。这一路走来，你会发现，生活于我们，温暖，一直是一种牵引，不是吗？于生活的海洋中踏浪，云帆尽头，轻回眸，处处是别有洞天，云淡风轻。

有一种经年叫历尽沧桑，有一种远眺叫含泪微笑，有一种追求叫浅行静思，有一种美丽叫淡到极致。

给生命一个微笑的理由吧，别让自己的心承载太多的负重。给自己一个取暖的方式吧，以风的执念求索，以莲的姿态恬淡，盈一抹微笑，将岁月打磨成人生枝头最美的风景。

心中若有桃花源，何处不是水云间？

第三章
每个人都曾穿越
不为人知的黑暗

把最温柔的那个你，给你最爱的人

我曾有仔细算过，若我给远在故乡的母亲打十次电话，其中有八次在争吵。其实，不能说是"争吵"，因为大多时候是我在对母亲大吼大叫，比如我埋怨她唠叨，不喜欢她多管闲事。

每次争吵后，我心底翻涌难过、后悔等诸多复杂情绪。翻来覆去地问自己，为什么不可以温温柔柔、和和气气去处理事情呢？吵嘴、发火，并不能解决问题，反而使事情更糟糕了。

其实，许多事，我们是可以心平气和谈说的，许多事可以笑着就料理了。

记得有一次，从图书馆出来时，已经天黑了，街灯亮起，灯火满地，我忽然想起母亲。一个身在异乡的成年人，多是在什么时候想念母亲？以我的经验来说，是在生活出现波折且一时无力解决之时，或在夜深人静、往事如潮翻涌，或是在暮色四起之时心底忽然就动了乡愁，而所谓乡愁便是遥远的、十分熟悉的地方有一个想朝暮相守的人，彼此却又隔了迢迢山迢迢水。有个人可以思念，这是幸福的事。我忽然想起我的母亲，在天黑时。

拨通电话，母亲听见我的声音，十分开心。是呀，每一次，一听出是我，她就开心地笑出声来。不管上一次在电话中，我是否和她争吵过、惹她生气，她总能很快就忘记。

我们聊天，聊开心的事。但是，聊着聊着母亲就把话题带跑了，开始讲述那些不开心的家事。我们家四世同堂，老老少少二十多口人，人多，自然是非也多。而我不喜欢听那些鸡毛蒜皮的事。我认为有些事，倘若你不当回事，视而不见或听而不闻，那些事自然就消失不见了。就像落叶，若你不去理睬，风会替你清理干净。母亲和我说那些琐事，我忍不住又想发火，但竟按捺住了。许是晚风温柔，也许是不远处的街灯看起来甚为温暖，或者是其他莫名的原因，我没有发起脾气。

我和母亲缓慢地摊开那些琐事，一桩桩细细分析。我只想让母亲明白，儿孙自有儿孙福，她老人家莫去理会太多事，只管安心吃饭安度晚年。当然呀，我也能理解，母亲一辈子忙于家事，习惯了操心，突然要她放手不问，她不习惯，也做不到——这是她为何对每一桩琐事都十分在意的原因。可是，转念一想，我所谓的那些闲事，于我母亲来说，哪一桩可能是闲事呢？所有和她子孙有关的事，她都认为是头等大事，她想去承担和料理，以使她的孩子们更轻松更自在。但也不得不承认，面对生活，如果我们学不会适时放手，无疑是自寻烦忧。

那一晚，我们聊得很愉快，母亲也答应我，以后不再去理会子孙如何生活，毕竟他们个个已长大成人，各有自己的处世方式，且由他们自己翻筋斗去吧。

挂掉电话，最开心的是我。

原来我们真的可以心平气和地沟通呀，可以笑着就将事情料理得皆大欢喜。为何之前就辜负了那么多时光?

坦白地说,在陌生人或朋友面前的我,和面对母亲时的我,是两个我。和陌生人或朋友,我是温和的,难得动脾气,而面对我母亲,我总是那么容易就露出自己尖锐的一面。我清楚这样不好,但我也知道,只有在母亲面前,我才是最放松最自在的我,可以暴露我所有的缺点,可以撒娇,也可以耍无赖。在这个世界上,也只有我的母亲能够毫无保留地包容我,无论我怎样做,她都爱我,不嫌弃我。母亲就像风或水。我在风中或在水中,无论我多脏多臭,风包容我,水包容我,不憎恶我。错的却是我。为何在无关痛痒的人面前可以温和平静,偏偏不能温柔对待心底最爱的人,这是为什么?这真蠢。

母亲曾为我流过很多泪,若幼年淘气只因那时幼稚,那么成年之后又让母亲伤心,就有千千万万个错了。

可以对一个陌生人面带微笑,可以向一个路人伸出援手,为什么却总是毫不留情地去伤害自己最亲的人?为什么总是把自己最反叛的一面展现给最爱我的人?那个人是亲人呀。她最爱我,也是我最爱的,我怎么可以将所有的坏情绪都发泄给她呢?

有个朋友和我说,他也一样,常常对亲人摆臭脾气,"会对所爱的人发脾气,是因为自己太在乎,因为对他们有要求。外人做的事再离谱,自己再不赞同,基于礼貌或者事不关己的心态,我会选择沉默;可看见家人有不合理的举动与言辞,我就会第一时间出声喝止。在外人面前,我们是虚伪的;在家人面前,才是真实的。"

还有一个朋友说:"有时候发脾气是为了引起亲人的注意,只想亲人永远关爱自己,却又不知如何表达自己的感受,只好用发脾气来表达。所以如果自己爱的人或爱自己的人对你发脾气，请忍让一下。这时候，如果你也发脾气，就很容易起冲突，可能会闹得一发不可收拾。"

这些道理听起来都是对的，只是委屈了身边最亲爱的人。他们为了成全我们的"真实"，不得不忍受我们的坏脾气。爱是互相谦让，怎能只要求他们来承受呢？我们为何不从自身找找问题，让自己成为"承受"的一方？

就像我和我母亲，我认为她爱唠叨、爱管事，可是为什么我不换个心态静静地听她唠叨呢？她想要料理那些琐事，为何我不能认真听听她的想法，依着她的心意去处理事情呢？

许多道理，人人都懂，甚或可以说，人人都堪称哲学家，能讲道理讲得天花乱坠。然而，懂和做之间却又隔着很长的距离。

只是懂得那些道理，毫无意义。重要的是要将所懂的道理付诸实际生活中，做一个温和的人，温和地面对所有人，尤其是最爱我们的以及我们最爱的人，彼此一起好好生活。

不要以爱的名义原谅自己的坏脾气。没有人会要这样的爱。

是的，人都有脾气，对自己最爱的人可以表现出最真实的情绪，关键是你找怎样的途径。一个家庭，若有一个人大发脾气，就会影响全家人的心情。在发脾气前，要想想家里人是否会因为你的脾气而受伤。

不能因为对方是我们最亲的人就毫无顾忌地发泄。我们最亲的人能无怨无悔地包容我们，我们一定要珍惜。

那么，让我们一起去实践这些道理。从现在起，做一个会爱的人，做一个让最爱的人一看见就很开心的人。

种了芭蕉又怨芭蕉，这不好

我和柏华偶尔一起饮酒。

醉后的柏华话语很多，多的是怨叹。比如生活压力、工作压力，生成各种浮躁心事。他说在老家多好呀，有自己的院子，有二亩田，有蓝天、白云、河流，尤其到了春天，满眼都是花朵。而城市是水泥做的，虽繁华但荒芜，凉凉的，没有温度。

柏华说，有时真想一甩手回归故里，过那恬静安然的日子。

我知道他只是说说而已。他到底舍不得离开城市。他热爱城市，热爱乡间没有的繁华。可是，他为何又总是嗟叹呢？

身边有不少这样的人，他们想着离开，却又都不想回去。

回去，去哪儿？去心中的乐土。每个人心中都有一块乐土。人们心中的乐土，往往是遥远的，看似触手可及，其实不可抵达。而人们要离开的，偏偏是自己当初拼尽力气要靠近的。

有一个同事，他之前在一个小杂志社工作，他认为他有能力去更好的平台发挥自己的能量。在这个城市，我所处的杂志社可谓是一个不错的平台。于是，他通过一轮又一轮的面试，终于来到了这里。到了自己想要到达的地方，接下来要做的事，应是全心投入工作，不是吗？

这个同事不是。他发现社里人际关系并不简单，人和人之间看似亲密，其实相互较劲，更有一些人会为得到某些利益，使一些手段。他很不喜欢，他说："我以前所在的杂志社，小是小，但关系简单，没有那么多钩心斗角。大家都活得很放松。"

这真是要不得的态度。来是你要来，说嫌弃的竟也是你。纵使祈祷老天，老天也帮不了你。譬如，你说天旱，要天下雨，雨下来，你又说到处泥泞，怀念天干地旱到处硬朗。老天也为你为难。

还有一个同事，也是抱怨派。每次看见他，他都是同样的苦瓜脸和不快乐。若你和他聊天，三两句之后，你便能听见他的抱怨："不知道什么时候可以安安静静过日子，不再为五斗米折腰。"

有一次，我终于按捺不住，对他说："你如果不喜欢应酬，大可以不去。"

"唉，你真是不懂啊，人在江湖，很多事哪里由得了自己？"

在我看来，其实是他不懂。人在江湖，的确少不得应酬，但也并非无应酬不可活。再则，那些应酬说白了和工作毫无关系，只是下班后几个同事一起喝酒唱歌，然后各回各家。要一起放松的同事，也从没排斥过不肯一起喝酒唱歌的同事。一切皆是自愿。

就算一切由不得自己，那么，既然事情已经摊在了那里，横竖都是要做，为何还要抱怨呢？抱怨能解决什么问题吗？

清朝有个人叫蒋坦，其妻在院中种了几株芭蕉，长势甚好，叶大成荫。逢上雨天，雨打芭蕉，滴滴答答地响，吵得蒋坦睡不安稳。他挥毫写下："是谁多事种芭蕉？早也潇潇，晚也潇潇。"其妻见了，续写道：

"是君心绪太无聊。种了芭蕉，又怨芭蕉。"

芭蕉都已种在院中，若是不喜欢，当初就应当阻止。既让芭蕉长了，为何又嫌弃雨打芭蕉声响聒噪呢？

其实，这世间的烦恼人，都是种了芭蕉又怨芭蕉。多像孙悟空头上的金箍。金箍不是唐三藏为孙悟空戴的，是悟空自己看见唐三藏的包袱里有一顶嵌金花帽，顿时两眼放光，央求唐三藏："好师父，把与我穿戴了罢。"戴上后，悟空每每后悔，怨不迭声。

谁能将圈圈箍在你头上？只有你自己。

自己寻得好事，又发现好事的糟糕之处，头痛极了，烦恼极了，认为自己一直过着与想象中不一样的生活，又开始想着法子跳脱出去。然而，跳得出这困境这烦恼，很快就又为自己寻另一个所在钻进去，正如出了虎穴再入狼窝，翻来覆去尽是自己在折腾。却从不自省，只是怨叹生活或世界。

昔日的爱，变成今日的恨事，为什么？

只因一念之差。

那个念，来自期待，也来自梦想；当事情背离了期望，梦想便失去了回应，于是心也越来越不能宽容。想来想去，当日心头的一块肉，如今十恶不赦，还不是它在作祟？

你认为的与你想象不一样的生活，是你自己造的。种了芭蕉，又怨芭蕉。你不去种芭蕉，也就无从怨芭蕉了。

不过，你不种芭蕉，你会种香蕉种胡椒，你总有所怨之处。

除非你改变自己的心，做你所喜欢的，喜欢你所做的，你方能得到自由和幸福。

谁的成长不是惊心动魄的呢

又是一年中考成绩公布时，他得知儿子考得还不错，很是松了一口气。让他松一口气的，不是儿子考得好，更在于没考得太好。

中考之前，他就和儿子开玩笑："你要是考上了北京最好的高中，我跟你急；你要是考了第一，我就跟你断绝父子关系。"

害怕儿子考试成绩太好，世间还有这样的父亲？

若你知晓他的青春是如何成长的，便不难理解他为何作此想。

当年他中考时，成绩也并不是太好，只比当时的重点高中录取线高出一分。就在中考的前几天，他的精力还放在黑泽明的《姿三四郎》和卫冕冠军阿根廷0比1负于比利时的世界杯揭幕战上。

这种"不好好上课，不好好学习"的习惯一直保持到高中，整个高一、高二，他在老师眼中就是个不折不扣的"差"学生。用他自己的话说，"我最惨的时候，混到全班倒数第二。"

到了高三，之前和他一起玩耍的同学都跑去复习了，他这才意识到，是到了该冲刺的时候了。接着，他用了一年的时间，从倒数的位置追到了全班前10名。在最后一个学期的模拟考试中，如果不算上外语，他的成绩总分在全班就是"第一、第二"。后来，他以全班第8名的成绩考上了当时的北京广播学院（现名中国传媒大学）。

之前，他倒也不是不爱学习，只是不爱看课本，对于被家长称为"杂书"的课外书籍，他从来都是如饥似渴地阅读。

那是20世纪80年代，文学热席卷中国。《人民文学》《收获》这些纯文学期刊，都达到了百万份的发行量，他的中学时代就是在这样的时代背景下度过的。

在那样一个"书店里有书也没钱买书，更没有电脑和网络去看书"的年代，他所在的城市有两个图书馆，为了能读到书，他便拿着母亲的借书证，频繁穿梭其中。

如今，不少家长不愿让自己的孩子去读课外书，或是闲书。但在他看来，书无闲，如果非要定义课外书是闲书，也还是一定要读。因为"不从闲书进，无法从正书出"——如果一上来就读正书，孩子读不进去，没乐趣，慢慢地就视读书为畏途，读不进去了，这就"瞎了"。而从"闲"进，就是为了让孩子从兴趣出发，只有这样，才能真正养成读书和聆听的习惯。

他的儿子也是一个书迷。快小学毕业时，他的孩子迷上了金庸，并一口气读完了金庸全集。之后，孩子便对清朝、明朝的历史来了兴趣，便去找这方面的书看。此外，孩子像他一样也喜欢上了摇滚乐，但他对此没有丝毫的紧张，"可能很多人会认为这不是瞎听吗，有什么用？但是，他在听摇滚乐的过程中，每天翻译一首歌词，英语水平上升得很快。"

对于孩子的兴趣，他也从不去刻意地培养，"只有让孩子自由，才能成长得更快。"

甚至从某种意义上来说，他对孩子兴趣的支持近乎于纵容。曾经有一次，在第二天有课的情况下，他同意孩子在头一天半夜看球，结果是孩子次日放学回家骄傲地告诉他："我们班没有任何人敢这样。"如今，孩子已经晋升为一支民间球队的队长，他对此有说不出的开心。

同样地，他并不认为"看球是瞎看，没啥用"，这对孩子的成长很重要。他举了个例子，孩子最喜欢的是曼城队，有一场事关曼城队夺冠的比赛，同样是在夜里看。在比赛接近尾声时曼城队还是1：2落后，但就在最后的四五分钟，奇迹出现了，曼城补时3分钟连入两球逆转，夺冠！

"请问在人生中，哪有这么好的机会，让孩子感受到不放弃，结果可能会发生改变的例子。课堂上给不了。"因此，即便是在那天，孩子一直到两三点还没睡，但他相信，孩子第二天上课一定比往常更认真。

他相信这样一句话：阅读打开世界，但是运动让人更早地体验到分享、团队精神以及胜败的意义。

谈及自己对孩子的教育，他也常常回忆起自己的成长经历。事实上，像第一次一起抽烟、一起喝酒这样的哥们儿义气，所谓的坏孩子生活离他也不远。他说："把任何一代孩子中学时代的成长真相，和盘托出在父母面前的话，一定会让他们感到惊心动魄！"

问问那些走过青春的人，有几个人没打过架，有几个人没偷偷地抽过烟、喝过酒，偷偷地单相思过？他认为，要接受这些，只要它没有变成主体，就没问题，不经历这些好奇，不被改变，怎么可能成长？成长，就是充满好奇、波折，但也在不断地被校正、改变。

就像很多父母对中学生谈感情问题时所说的，"思想可以很复杂，但行为要简单"，他对自己的孩子也是如此。他说："如果成长永远是一个模式，顺理成章，阳光灿烂、洁白无瑕，那不是成长，那是不合格的文学创作。成长是真实、立体的，也会让人有一些担心，但不出格，守住底线就行。"

他是白岩松，是著名主持人，国人熟知的"国脸"。

他说，孩子的成长真相是惊心动魄的。

谁的成长不是惊心动魄的呢？

那些惊心动魄或许仅是属于一个人的惊心动魄，无以为外人道知，但你心底明白，你就是那样惊心动魄地走过来了。

有时，你觉得自己活得像个游手好闲的混子，或者你从不认为自己在游戏人生，而周围人却个个看你是个混子，你会不会觉得心底难过，想要辩解？

何必辩解？！人是活给自己看的。倘若有人懂你，那是一种幸运；若是无人懂，也没什么打紧。有没有人陪伴或鼓掌，你的生活都要继续，不是吗？

只要你不负己心，就够了。你要怎样生活就怎样生活，像原野上的一棵树，自由生长；或者像个疯子，肆意地成长。你知道，你心底有自己的规矩，更有生长的方向。

有人说你活得不一样，那就不一样。你惊心动魄地活，让他们惊心动魄地看。有一天，整个世界都能看见你的荣光，为你喝彩！

每个人都曾穿越不为人知的黑暗

你幸福吗？

或许你觉得最幸福的是你身边的人，你见他们整日笑呵呵的，有那么多值得开心的事，而你，多的只是烦恼。烦恼就像浮在水面上的葫芦，摁下，又浮上来了。

可是，有谁没有烦恼呢？那些笑得最是开心的人，你可知他们背过身去，是怎样的神情？或者说，你可知他们笑容背后有着怎样的故事？

面对纷杂生活，你足够坚强吗？是否有足够的功夫，像熨烫一件衣服一样将生活熨得平平整整？

或许你认为自己虽不是最弱的一环，但也不是那最有能耐的，因为总有一些你怎么都摆不平的事。而周围的朋友，他们好像武林高手，面对各种挑战都有妙招，游刃有余地拆解。

可是，你并不知道他们的功夫是怎样练成的。他们好像天生就很强大。

事实并非那样。

郑鸿是我的同学，个子并不高，但在好友圈里，只要有他在，他永远都是那个话事的人。比如有朋友旅行、聚会，他永远都是那个负责查攻略、订酒店的人；在大家还在为去哪家饭店吃饭争论得叽叽喳喳的时候，他永远都是那个最后拍板定夺的人。对于他自己的生活，他更是安排得妥妥当当。

我曾和他一起出门远行，一路上他把自己照顾得很好，即使出门在外也保持着规律的作息。而同行的我，相较之下，就显得笨拙了。我会迷路，会因睡懒觉错过酒店提供的早餐。坦白地说，我是佩服郑鸿的，还有一些羡慕。我想，依着他这么强大的自信以及强大的气场，他应该是出生在一个富裕家庭，受过良好的家教，并且应该是那种一路都很优秀的、家长们口中最爱赞誉的"别人家的孩子"。

郑鸿说他不是，说我高看了他。他淡淡一笑，说起小时候的故事。

他的母亲有着很严重的弱听，而他瘦瘦小小的父亲，要忙着赚钱养家，工作很忙，终日早出晚归。于是，照顾母亲的责任就落到了他肩上。他要带着母亲去逛街，要代替母亲去菜市场跟小贩们讨价还价。

读小学时，老师因为他的母亲是残疾人而不喜欢他，总是故意挑剔他的不是。是的，那时候，他的成绩不是太好。他知道自己无法依靠任何人来改变处境，他只能依靠自己。于是，他更加努力地学习。当他最后以小升初考试全县第一的成绩毕业的时候，老师终于都找到他，请他在全校新生面前做经验分享。他固执地拒绝了，即使明明知道这样只会加深老师对他的讨厌。他有着属于自己的不容人玷污的骄傲。从此之后，他再也不肯回当初的学校看一眼。

他和我讲这些故事时，十分平静，仿佛他所讲述的是另一个人，和他全无关系。但在那时，我却难掩满脸的惊讶。我曾以为，像他那样自信的人，必定是被捧在手心里呵护长大的，也不曾了解过，原来强悍如他，也会经历过那样的卑微渺小。

是啊，很多时候，我们所看见的只是表象，就像我们看见一只蜻蜓停在一株青草上，看着很是叫人喜欢，但是，谁知道蜻蜓是从哪儿来的呢，在飞行之中曾有怎样的遭遇？

纵使所行之路有风有雨，路不平，其实也没关系。行在漆黑的路上，能使人不害怕、不跌倒的并非哭泣，而是征服黑暗的能力。

小区楼下拐角处有一个开废品回收站的阿姨，五十多岁的样子，整天笑呵呵的。我常常从她门前路过，彼此碰面，相互一笑，有时也寒暄两句。有一天，路过那儿，阿姨忽然拦住我，有点儿不好意思地对我笑了笑，递给我一叠名片。

这是阿姨的名片，上面写着"上门回收废品"等字样，以及她的联系电话。

她给我名片做什么？我很是不解地看着她，她说想让我帮她在楼上楼下的邻居那儿派发一下，谁家要是有废品，只要给她电话，她就上门回收。

这事儿十分简单，我答应了她，并称赞她很会寻找商机。她很是开心，对我秀了秀她的新手机，说主意是儿子想的，还给她买了个新手机以便开展工作。一谈起儿子，她的话匣子就像被打开了一样，一件一件细数着儿子的趣事，脸上全是母亲才有的得意和骄傲。

她的儿子其实是她从孤儿院里抱回来的。她命苦，丈夫去世得早，她也不想改嫁，就去孤儿院领养了一个孩子。之后，就是靠着收废品，供儿子读书。生活虽是艰难，但儿子很争气，考入北京的一所大学，学的是计算机专业，现在在一家互联网公司上班。

如若只看那位阿姨脸上洋溢的微笑，谁会知道她的生活其实并不容易呢？

一个人，要有多坚忍，才能征服生活中的那些灰暗，又很快乐地笑出来？

人人各有一肚子故事，人人都曾穿越不为人知的黑暗。笑得越快乐的，兴许笑容背后藏的苦涩越多。不过，那些苦涩，经岁月打磨，后来都变成了明亮的、有意义的光点。

别人的阳光明媚，你看在眼里，为他们开心，或者感染他们的开心，这已是很好了。不要拿你的人生和别人做比较，因为你根本不知道他们人生的全部。

其实你没那么多观众，别活得太累

在我最年轻的时候，有很长的一段时间，我认为自己是英雄，或者说我认为我应该成长为英雄，而所有人也都应该发现我是英雄或未来的英雄，我振臂一呼应者云集，无论我做什么人们都注视着我。我认为，那样的生活才是我的生活。

在年轻时，大抵许多人都曾有那般思想吧。甚或在并不年轻时，不少人依然拥有受万众瞩目的思想。

有一句谚语说："20岁时的人，会顾虑旁人对自己的看法；40岁时的人，已经不理会别人对自己的想法；60岁时的人，发现别人根本就没有想到过自己。"

大多数人其实并不在意你。真正在意你的人，往往是爱你的人。而在这个世界上，真正爱你的人并不会太多。因此，你不要太在意别人的看法，只要在意真正爱你的人对你的看法就可以了。

事实上，不是真正爱你的人，他对你说过什么，很快就忘记了，而你却常常记着，特别是赞美或批评你的话。赞美的话可以带来开心，这种在意倒还有些必要。但在意批评的话，难免会给自己带来糟糕的心情，这就很不值得了。

有一个做教师的朋友说，他有一位学生，是学校里大家公认的"歌星"，无论多么高难度的歌曲，经那学生的嘴一唱，总是变得轻松动听。

有一次，学校举办歌咏大赛，那位学生连预选赛都没有参加，就被他直接保送进了决赛现场。但是，由于精神紧张，学生在比赛中完全没有发挥出自己应有的水平，得了最后一名。

这件事已经过去了很长时间，学生还在因此而郁郁寡欢。他一遍遍地到老师那里去解释："我那天有点感冒了，嗓子哑了，否则，我一定能取得名次的。"

老师安慰他："没有关系，我相信你！"

可是他仍然见了老师就提这件事，把老师搞得恨不能远远地躲开他。

在生活中，很多人都太在意自己的感觉了，把自己搞得敏感兮兮的。比如，有人在路上不小心摔了一跤，惹得路人哈哈大笑，摔跤者在尴尬之下会认为全天下的人都在看着自己出丑。但是，若我们能将心比心，换位思考一下，就会发现其实这种事只是路人们生活中的一个小插曲而已，甚至于他们在哈哈一笑时，事情基本上就落幕了，只有当事人还执着于心，没能放下。

真正爱你的人，才会把你的一举一动都放在心上，他们会为你的快乐而快乐，为你的悲伤而悲伤。但真正爱你的人，肯定不会嘲笑你的丑态，不会看不起你的缺点，他们只会鼓励和支持你！

大多数人其实并不在意你，每个人都有自己的事情要做，并没有多少时间把注意力完全集中到我们身上，无论我们是出彩还是出丑了。认清了这一点，也许你就能"放下"心中的包袱，轻松地享受生活了。

真正爱你的人，除了你的父母兄弟姐妹，还有你的爱人。但并非只要是你的亲人，就一定是真正爱你的人；也不是跟你非亲非故的人，就不会是真正爱你的人。那些在你遭遇悲伤时，能和你一起痛苦、陪在你身边安慰的人，必定是真正在意你的人。

有一个丰神俊朗的才子，少年得志，凭借出色的文章和畅销的著作名满天下，有车有房有事业有地位，并且英俊不凡。很多女子爱着他，而他却分不清楚什么是爱，什么是喜欢。于是他打算恋爱一辈子，而绝不作茧自缚走进围城。他认为自己这么优秀，是断不肯与一个女子厮守到老的。

快到而立之年时，他遭遇了人生两件大事。第一件事情，就是认识了其貌不扬的她。她不懂诗歌，不懂文学，却默默地爱着他。她很平凡，和他分居两个城市，关心他的方式只是长途电话，或者手机短信。一句普通的叮咛，一句普通的问候，对于他来说，实在是微不足道的关怀。他知道她爱着自己，但是却以一种轻佻对待她，从来不许任何承诺。

另外一件事情，发生在一个雪夜，他最爱的人，他的母亲，在故乡悄然病逝。得知这个消息后，他不顾风雪，甚至来不及为自己加衣，便衣着单薄地连夜赶往了故乡。一路上，他泪水横流，想着自己来不及反哺，却突然失去了母亲。他为母亲守灵的夜晚，接到她的长途电话。他只说了一句："我母亲，走了。"然后，长声痛哭。她久久沉默之后，才挂了电话。

第二天的傍晚，雪越下越大，村里积满了厚厚的雪，行人一不小心就会滑倒。这时，有人告诉他，有个陌生女孩在村口打听他。他迎接了出去，远远地就看到了一个女子，正是他曾经最轻慢的她。此刻她满身的雪花，脸冻得红红的，手不停地搓着取暖。他大步走上去，猛然抱住了她。

那一刻，他流着泪望着天，知道这是天堂里的母亲送给他最后的礼物。

那几天，他其实接到了无数女子的电话，听到了各种各样华丽语言的安慰，却没有人如她那样，肯夜行千里来到一个从来不曾来过的贫瘠山村，在悲伤来临的时候，陪在他身边，用自己最纯洁的举动，给他最温柔细致的关怀。她是真正爱他的人。

真正爱你的人，也许不会说任何华丽的语言；真正爱你的人，也许说不出什么甜言蜜语、海誓山盟；真正爱你的人，也许给不了你金钱和美色，但真正爱你的人，一定是在你大难来临时，在你最悲伤的时候，陪着你的那个人。

不是路已走到尽头，而是该转弯了

昨天还是富翁，一夜之间，变成了穷光蛋，车子要卖，房子要卖，仍然负债累累。这听起来像电影剧情的事，在他身上发生了。他想死的心都有。

要离开这个世界，他决定再好好看一眼这个城市。他在这儿欢笑，在这儿哭泣；在这儿寻找，也在这儿失去；如今，他要死在这个他生活了许多年的城市。205路公交车环城行驶，他从起点坐到终点，又从终点坐回起点，他和这个城市默声道别。就在下车那一瞬间，他回头看了一眼车厢，突然发现，他坐过的那个位置的正上方，有块广告板，是个公益广告，一首小诗，诗中有这么一句最是显眼：不是路已走到尽头，而是该转弯了！

醍醐灌顶，他猛地一惊。

就是那句诗，让他抛弃了轻生的念头。

是啊，生命中总有挫折，那不是尽头，只是在提醒你，该转弯了。

当你遇到一件事，已无法解决，甚至是已经影响到你的生活、心情时，何不停下脚步，想一想是否有转圜的空间，或许换种方法换条路走，事情便会有所改观。

但，通常在那一刻，许多人并来不及想到这些，只是一味地在原地踏步、绕圈，让自己一直沉沦于痛苦的深渊中。

何不放手？

放手不代表承认失败，放手只是为自己再找条更美好的路走！

美国老牌演员克里斯托弗·里夫，因主演科幻系列影片《超人》而闻名。然而，在大红大紫之时，意外发生了，1995年5月，在一场激烈的马术比赛中，他突然坠落马下，顿时眼前一阵黑暗。几乎是转眼之间，这位大众心目中的"超人"和"硬汉"形象化身的他，从此成了一个永远只能固定在轮椅上的高位截瘫者。

当他从昏迷中苏醒过来，对家人说出的第一句话便是："让我早日解脱吧。"

为了平缓克里斯托弗肉体和精神的伤痛，家人推着轮椅上的他，外出旅行。有一次，小车正穿行在落基山脉蜿蜒曲折的盘山公路上，克里斯托弗静静地望着窗外，他发现，每当车子即将行驶到无路的关头，路边都会出现一块交通指示牌："前方转弯"或"注意！急转弯"。此类警示文字赫然在目。而拐过每一道弯之后，前方照例又是一片柳暗花明，豁然开朗。

山路弯弯，峰回路转，"前方转弯"几个大字一次次地冲击着克里斯托弗的眼球，也渐渐地叩醒了他的心：原来，不是路已到了尽头，而是该转弯了。

他恍然大悟，冲着家人大喊："我要回去，我还有路要走。"

从此，他以轮椅代步，当起了导演。

克里斯托弗首席执导的影片就荣获了金球奖；他还用牙关紧咬着笔，开始了艰难的写作，他的第一部书《依然是我》一问世，就进入了畅销书排行榜。与此同时，他创立了一所瘫痪病人教育资源中心，并当选为全身瘫痪协会理事长。他还四处奔走，举办演讲会，为残障人的福利事业筹募善款。

在接受《时代》周刊采访时，克里斯托弗说："以前，我一直以为自己只能做一位演员，没想到今生我还能做导演、当作家，还成了一名慈善大使。"

这一切，不过是因为在他以为已行至穷途末路之时，他并未真的放弃，而是转了一个弯。

懂得转弯，是智慧。

要知道，挫折往往是转折，危机往往是转机。

"不是路已走到尽头，而是该转弯了！"

当你遇到一件事，迟迟无法解决，甚至已经影响到你的生活时，请你停下脚步，给心灵一个修禅打坐的时间。想一想，转个弯，换条路，或许事情一下子就简单起来。

不要让自己一直陷在痛苦的深渊中。生命中总有挫折，那不是尽头，只是在提醒你，该转弯了！

淡了，静了，生活才会听你的安排

回老家，我喜欢坐在院子里晒太阳。

最好是春天或秋天的中午，那时阳光正好，暖暖的、软软的。坐在阳光里，屋檐下，听风吹响一树叶子，母亲在旁边慢悠悠地做着家务慢悠悠地说话，晾晒的衣服在风中晃来晃去，整个世界是那么静好，我常常不知不觉就睡着了。

居于城市，有时感觉疲惫，也会想起老家，认为在乡间生活其实很不错的。想想看吧，那些乡间老人，冬春时节，农事不忙，他们喜欢篱下负暄。拿一只脚凳，坐在篱笆下、南墙根、柴草垛前，老棉袄一揣，旱烟袋一端，一袋一袋地抽着。闲话家常，或者就只是眯着眼，任煦暖的阳光照在身上，懒洋洋的，一蹲就是一个头午。抬头望望太阳，午饭时间已至，于是拿起脚凳，优哉游哉地归家而去。生命里透着一份从容和潇洒。

其实，这些人并不富有，粗茶淡饭，布衣旧衫，可他们懂得顺乎自然、顺乎性情，不贪婪、不强求，于是心中无欲。无欲则心静，心静则体闲，晒晒太阳，便也成了一件心满意足的事情。说到底，这些人终是因了心态正，不失真。

他们活得足够安静，其心平淡，日子四平八稳，生活就像他们脚下的黄土地，拎一把锄头，他们就能安排在地里种什么，什么可以生长什么不可以，一切都听从他们的安排。这样真好。

城里人说来尊贵，说来享有许多繁华，然而也只有城里人知道，他们活得多谨慎。谨慎，不是因为他们踏实认真，而是生活有太多变数，他们从不知道下一刻会发生什么，日子将往哪个方向倾斜，若是好的自然欢喜，倘若有个不是，承受起来多么痛苦。他们不得不谨慎生活。

得抑郁症或者其他心理疾病的，多是城里人。乡野人家，哪个知道抑郁症？他们知道芝麻，是因为他们的地里就种着芝麻；他们不知抑郁症，因为他们身边从来没人得过这稀奇古怪的病。说起城里人的病，他们最喜欢用"稀奇古怪"来形容。

稀奇古怪的城里人，要心静，十分难得。

或许正是因为这缘故，城里人爱旅行或渴望旅行。他们需要去山水之间放松自己一直紧绷着的心，梳理心事，让自己静下来，重新打量生活。

乡间生活的人不爱旅行，他们认为那是在浪费钱。没什么事儿跑那么远的路，路上颠来颠去，又吃苦又耗钱，划不来。

说到底，一个人的心是静的，他哪儿都不用去，或者说他在任何地方都能保持平和，所以他不必去折腾生活，只需要日出而作，日入而息，平平淡淡地生活。

《菜根谭》的作者洪应明说："人心多从动处失真。若一念不生，澄然静坐，云兴则悠然共逝，雨滴则冷然俱清，鸟啼则欣然而会，花落则潇然自得。何地无真境，何物无生机。"

心动，则物欲生；物欲生，则心愈难静；心难静，则杂念丛生。若然心静，则自然万物皆成佳景。看白云，则白云悠悠，心亦悠悠，一派悠闲；看新雨，则新雨泠然，一派清爽；看花开，则花开潇然，一派灿烂；听鸟鸣，则鸣声欣然，一派欢愉。世间万物，皆成佳境；世间事情，俱成美好。

谁守住了心中的那份宁静，谁就心中无碍，处世坦然；谁就生命如水，清澈明净，光风霁月。

然而，那份静却是难得。生活的海洋里，有名誉、金钱、房子等在兴风作浪，难得宁静。许多人整日被自己的欲望所驱使，好像胸中燃烧着熊熊烈火一样。一旦受到挫折，一旦得不到满足，便好似掉入寒冷的冰窖中一般。生命如此大喜大悲，哪里有平静可言？

有一个小和尚，每次坐禅时都幻觉有一只大蜘蛛在他眼前织网，无论怎么都赶不走，他只好求助于师傅，师傅就让他在坐禅时拿一支笔，等蜘蛛来了就在它身上画个记号，看它来自何方。小和尚照师傅的话去做，当蜘蛛来时他就在它身上画了个圆圈，蜘蛛走后，他便安然入定了。

当小和尚做完功一看，却发现那个圆圈在自己的肚子上。原来困扰小和尚的不是蜘蛛，而是他自己，蜘蛛就在他心里，因为他心不静，所以才感到难以入定。

一个人不能平静，能做什么呢？又能做成什么？

诸葛亮说："非淡泊无以明志，非宁静无以致远。"其意思是说，人若不清心寡欲就不能使自己的志向明确坚定，不安定清静就不能实现远大理想。

纵观那些在政界、商界、科技界等各个领域取得骄人成就的精英和翘楚，他们在人生奋斗的道路上，哪个不是清心寡欲、安定清静的典范呢？

就说知识渊博、学贯中西的当代大学者钱钟书吧，他的一些学术著作和文艺作品蜚声中外，影响所及，以至有的喜欢其作品的外国学者慕名而至，直言要一睹他的风采。面对这样的粉丝，钱钟书的答复是，你觉得鸡蛋好吃，就尽管吃好了，何必非要见见下蛋的母鸡呢？最终是拒绝了见面。钱钟书这种低调处事，毫不张扬的风范，正是源于他长期积淀且一以贯之的淡泊名利、潜心治学的精神。也正是这种精神，才使他在学术领域能够呕心沥血，硕果累累，独树一帜，非常人所及。

是的，淡了，静了，生活才会听你的安排。

淡定看人生，宁静做自我。越是真，就越安静；越是久，就越平淡。

生活就是一个七天接着一个七天

逢到休假，多数时候我并不外出。前一天，去楼下菜市场买了好多果蔬，之后的日子，我就在房间里，读书、写作、睡觉，或者对着电脑看电影。有时竟可数天不出门，甚至都房门都不曾开。

朋友听说了，十分吃惊，问我怎可安耐得住？他说他不可以，半天不出门就闷得慌，要出去走，和很多人往来。"你不嫌日子单调吗？"他问我。

谁不怕日子单调呢？所谓日子单调，大抵是指，所有日子都长同一个模样，就像一汪井水，你什么时候去看它都在那儿，不增不减，连路过井上的风都似乎从未变过。或者像一个脸盲症患者，世间那么多人，他看每一个人都觉得眉目没什么不同。

其实，日子就是日子，它从不会变，变的是人心。

我的母亲和中国大多家庭妇女一样，天一亮就起床，忙着煮饭，忙着洗刷，早晨，中午，晚上，同样的家务翻来覆去地做，昨天，今天，明天，都无不同。记得犹在读书的时候，有一个无所事事的暑假，我和母亲在家中，看她重复地做着那些家务，问她是否会感到乏味。母亲笑了：日子是单调的，但是看你怎么过。你每天都用不同的心思对待日子，那么，每一天都是不同的。

母亲说，比如煮饭，居家过日子，食材其实也就那几样，但是，那些食材你可以变换着搭配，它们就成了别的菜肴。就说土豆炖排骨，若每天都土豆炖排骨，自然觉得没意思，但是，若用萝卜炖排骨或冬瓜炖排骨，那就成了另一种菜。或者单是土豆，可以炒土豆丝，也可将土豆切成片炒，或者将土豆切块和其他蔬菜烩在一起来个"东北乱炖"，还会觉得土豆吃着没滋味吗？

是呀，母亲的确是这样做的，就连简单的一款大米饭，都被母亲演绎得五彩斑斓。今天加了胡萝卜粒，明天就加玉米粒，吃了两天豌豆粒的，马上又换成紫薯粒，除了母亲，其他家庭成员谁也猜不到下一顿又会有什么花样的米饭吃。

母亲使我意识到，日子就是日子，一个七天接着另一个七天，所有的日子无缝相接，它从不会变，但是过日子的人可以用一颗丰富的心，将每一天都过得不一样。这个不一样，可以和见不同的人发生不同的故事有关，也完全可以无关。

我在家读书、写作、看电影，哪怕天天如此，其实日子也是不同的。昨天看了一本书，今天看的是另一本书；昨天看了那个电影，今天看这个；昨天写了一篇文章，今天是新的一篇，而明天的文章，明天要看的书或电影，我今天一点都猜不出来是什么。这就是新鲜，这很有趣。怎会单调乏味？

怕日子过得单调乏味，而选择不停地和不同的人碰撞不同的火花，这当然无可厚非，但我觉得这并非过日子的最好的主意。重要的是，你要有一颗丰富的心，心丰富，生活中一个接一个的七天也必定是丰富的。

其实，过日子，最好的境界是丰富的安静。安静，是因为摆脱了外界虚名浮利的诱惑。丰富，是因为拥有了内在精神世界的宝藏。创造的成就、精神的富有、博大的爱心，而这一切都超越于俗世的争斗，处在永久和平之中。这种境界，正是丰富的安静之极致。

我并不完全排斥热闹，但是，热闹总归是外部活动的特征，而任何外部活动倘若没有一种精神追求为其动力，没有一种精神价值追求为目标，那么，不管表面多么轰轰烈烈、有声有色，本质上必定是贫乏和空虚的。我对一切太喧嚣的事业和一切太张扬的感情都心存怀疑，它们总是使我想起莎士比亚对某些生命的嘲讽："充满了声音和狂热，里面空无一物。"

都说什么样的性格有什么样的命运，日子又何尝不是？有什么样的心态，就有什么样的日子。智慧的人，就是能把凡俗日子过出彩的人。

小区大门口有个报刊亭，有个中年男人每天都守在那儿。小小的亭子，他坐在里面，前后左右都是报纸杂志，偶尔有过路人来买份杂志或报纸。这日子不够单调吗？可是你看不见他不开心，总是乐呵呵的。他生活中的快乐，就是晚上一杯酒、孩子一声"爹"，哪怕是老婆的一句嗔怪。也许你会觉得他活得太平淡，但，身边众多生活好于他的人，每天紧锁眉头的时候，看见他，难免不心生羡慕。

生活就是一个七天接着一个七天。

没有单调乏味的日子，只有单调乏味的心和消极的过法。很多时候，抱怨生活平淡的人，只是因为丢掉了一颗火热的心和一双发现新鲜的眼睛，或者他的心和眼睛都是贫瘠的。你知道，很多时候，丰富或贫瘠其实和物质多少无关。

只有你自己明白，你的人生该从哪里开始

我不太喜欢向别人咨询问题，是的，我也不喜欢别人向我请教什么问题。

或许会有人说，这是个很怪的习惯。

为什么不向别人咨询呢？别人所说的，多是依照他自己的人生经验，那有什么可信的呢？譬如鱼和飞鸟，鱼的生活截然不同于飞鸟的，鱼给的答案或指引，飞鸟能用吗？

不喜欢别人来问问题，其原因也在于此。

另外，我还认为，一个动不动就喜欢请教别人的人，并非他谦虚好学，是他懒惰，凡事不肯思考，只想索取现成的，得来不费功夫。

有一次，一个朋友来问我，敦煌是怎样的地方？他正准备前往敦煌旅行，并且他知道我去过敦煌多次。

我问他："你正要去那儿，去了之后你不就什么都知道了吗？你来问我，我说给你，其实是毁了你要遇见的敦煌。就像看电影，好端端的一个片子，干吗要人对你剧透？"

还有的人，看书却偏偏喜欢要人推荐，到处搜寻所谓名人开列的书

单。古人说，书非借不能读也，他们却是书非推荐不能读也。这多糟糕。

正确的做法是，自己的书单自己列。因为只有你自己最清楚，你的专长是什么、你的兴趣是什么、你的人生打算往哪个方向发展，你得自己去从第一本有兴趣的书开始读起，然后从这本书再去延伸阅读下一本书……你得有自己的图书分类系统，就像你无法搬一堆不适合你家风格的家具往家里放，你得清楚地知道你自己的体质，为自己点菜，而不是照本宣科地吃别人推荐的东西。

记得读小学时，有篇课文讲的是小马过河的故事。马棚里养着一匹老马和一匹小马。有一天，老马让小马将半口袋麦子驮到磨坊去。小马跑着跑着，一条小河挡住了去路。小马心想：我能过去吗？妈妈又没在身边，怎么办呢？这时，它看见河边吃草的老牛。老牛告诉它，水很浅，刚没小腿，能蹚过去。可是就在小马准备过河时，树上的小松鼠拦住了它，说水很深，昨天还淹死了自己的一个伙伴。小马没了办法，只好跑回家问妈妈。老马亲切地对小马说："孩子，光听别人说，自己不动脑筋，不去试试，是不行的。河水是深是浅，你去试试就知道了。"小马又跑回河边，小心地蹚到了对岸。原来河水既不像老牛说的那样浅，也不像松鼠说的那样深。

是呀，河水是深是浅，你去试试就知道了。同样，你的生活怎么过，你的成功之路要从哪里开始，只有你自己最明白。因为，你知道自己要什么。

人人都知道自己要什么吗？那可不一定。

常听见有人问这样的问题：我该去考研还是去找工作？我该选择回老家小城还是留到大城市？我要选择自己喜欢的音乐事业，还是听爸妈的话去考律师？我该选择嫁A还是嫁B？

他们不知道自己要什么。

还有一些人，知道自己要什么，但不知如何得到自己想要的。他们问：我明天要考广告学，请问我该读哪些书？我要如何一天读一本书？我该怎么让自己有所成就？

他们向别人讨教答案。向他人讨教答案的人，大多不相信自己能百分之百决定自己的人生，为自己做全权的决定。因为自小父母与老师就帮他们把生活与人生方向都定好了，一旦长大成人，发现自己可以做决定时，却开始害怕自己做的决定会有错、会受伤、会失败，所以拿着自己的问题到处去问人，病急乱投医。拿别人的药方来医自己的病，就像是拿着指往别人家的地图在找自己回家的路一样荒谬。

有位教授，他的学生向他请教问题，他从不解答，只是搬出一摞书给学生。有学生就抱怨了："总是这一套，我问一个很简单的问题，他可以用一个'是'或'否'回答，却给我十几本书，说可以在这些书里找到我所要的答案。"

教授说："这就是我学到的读书方法，艰难费事的方法。哪个孩子如能好好地钻研这些书，他就可以真正了解这个问题，将来会成为自己想要成为的人。"

你明白自己要什么，知道自己困惑什么，你就自己去找答案。不要害怕找答案的过程很辛苦。优秀的专业人员和成功的名人多是不畏艰难、全力以赴面对困难的。

记得电视剧《蜗居》中有这样一个片段：

海藻问宋思明："你第一眼看到蜗牛，你在想什么？"

宋思明说："我在替它担心啊，它这么慢，这么小，这么弱，需要在这个复杂的大千世界里按照自己的步调行走，随便谁一个无意的脚步都会把它踏扁了，我很舍不得。"

海藻："没想到像你这么刚硬的人，会有这么柔软的心。"

宋思明说："应该说是软弱。其实大多时候，我们每个人都像这蜗牛一样，背着重重的壳，慢慢地爬行。我有时候在想，如果蜗牛没有壳，那会不会像鸟一样在天空飞翔？或者像鱼一样在水里游弋？但它是蜗牛，只能爬行。""你知道吗？"海藻说："小蜗牛曾经问过妈妈一个问题，它问，为什么我们从生下来，就要背这么重硬的壳呢？妈妈说，因为我们的身体没有骨骼支撑，爬得又慢，所以就需要一个壳来保护我们呀。小蜗牛又问，可是毛虫姐姐它也没有骨骼，爬得又慢，为什么它就不用背这么重又硬的壳呀？妈妈说，因为毛虫姐姐可以变成蝴蝶呀，天空会保护它。小蜗牛又说，可是蚯蚓弟弟它也不会变成蝴蝶，那为什么它就不用背这么重又硬的壳呀？妈妈说，因为蚯蚓弟弟会钻土，大地会保护它。小蜗牛哭了，它说我们好可怜呐。天空也不保护我们，大地也不保护我们。你猜，蜗牛妈妈怎么回答它？"

"怎么回答呀？"

"妈妈说，我们有壳，我们不靠天不靠地，我们靠自己。"

不靠天，不靠地，靠自己。这也正应了陶行知先生的话："滴自己的汗，吃自己的饭，自己的事自己干；靠人，靠天，靠祖上，不算是好汉！"

只有你自己明白你要什么，你的人生该从哪里开始。那么，生活中出现困惑或挫折，你要自己解决，自己去认识这个世界，解开困惑，干掉挫折。千万不要像个乞讨者，四处收集建议，四处要人点拨答案，请你做自己生命的拓荒者、先锋部队，请去探寻自己知识与智慧的上游，如此，你才能得到一个属于你的不一样的精彩人生，过上你自己想要的生活。

不抱怨，留着所有的力气变美好

参加一个聚会时，他过来搭讪，并表示有兴趣来我所在的杂志社工作。但我知道，我会拒绝他。

事情是这样的，那天聚会，他刚一落座就喋喋不休地抱怨起来：怨工作不好，拼死拼活一个月，拿到手里的工资没多少；上司是个喜欢不公平的人，谁拍马屁就对谁好，上稿多，版面费多；又怨同事不善，个个整天只想着钩心斗角……

他好不容易停止了抱怨，塞了满嘴的菜。我问他，既然嫌弃当下的工作，那么多抱怨，为何不跳槽呢？他翻了我一眼，似乎在怨我不解世事，紧接着一顿抢白："跳槽？说得轻巧！我还没找到好的下家，又背负房贷，能说跳就跳吗？"

我一下子就明白了，他现在的工作并没有那么糟糕啊。要不然，和别的单位比较后，他不会认为"下家"不值得他跳。

其实，我对他所在的那个杂志社是有一些了解的。圈子这么小，哪家的境况如何，大伙儿都心知肚明。坦白地说，那家杂志社真不是他所形容的那么不堪。

他似乎想起了什么，就问我在哪儿工作。一听我的答复，他一下子就兴奋了，问可不可以去我那儿。我笑了笑，没说话。

聚会散场，他很热情地和我道别，并特意留下他的电话。但我知道，我不会接纳他。

一个怨气冲天的人，去哪儿都会有怨气，毕竟没有哪个地方是十全十美的，总会有这样或那样的不足。

更关键的是，任何一份工作，想有不薄的回报，必须得承担不轻的劳动量。要想出人头地，就得迎接周围挑剔的目光；就算你安分守己、不惹是非，那也得接受一些莫名其妙的指责。

面对人生的不如意，一个人所要做的，就是尽量改变自己能够改变的部分；至于个人无能为力的部分，要么离开，要么坦然接受。

如果说一个人抱怨之后，他的不满与郁闷能够随风而去，心境能够变得开朗明亮起来，那他的抱怨还算是有价值的。可问题在于，抱怨恰如一股阴冷潮湿的黑雾，足以遮蔽他的眼光，迷惑他的心智，阻碍他的成长，最终让他在自怨自艾的泥潭里越陷越深。

人生就是一段旅程，是一段从青涩走向成熟的旅程。

而我相信，真正的成熟，是从不抱怨开始的。

把时间花在进步上，而不是抱怨上，这就是成功的秘诀。

有次打车去某地，一上车我就发现，这辆车不仅车身干净，司机也是衣装整洁，车内的布置亦十分清新，我相信这应该是段很舒服的行程。

车子一启动，司机就很热心地问车内的温度是否适宜？又问要不要听音乐或收音机？

我说我想清静一下，司机又温馨地提醒我，车上有份当天的报纸，还有几本当期的杂志。

他的热情和周到，使我暗暗惊叹。

我禁不住问司机：你什么时候开始这种服务方式的？

司机说："从我觉醒的那一刻开始！"

原来，之前他也是一个喜欢抱怨工作辛苦、人生没有意义的人，但是有一天听广播时，广播里在谈人生态度：你相信什么，就会得到什么；如果你觉得日子不顺心，那么所有发生的事都会让你感到倒霉。相反，如果你觉得今天是幸运的一天，那么每次遇到的人，都可能是你的贵人。

也是从那天起，他决心试一试，做一个不抱怨的人，改变正在抱怨的生活。"第一步，我把车子内内外外整理干净；其次，我要改变我的神情，我要让乘客看见我开心的笑脸，而不是苦瓜脸。还有，我印了几盒精致的名片。我想，只要善待每一位乘客，总有一些乘客会喜欢我，主动联系我，再次乘坐我的车。"

收效如何呢？司机说，他很少会空车在这个城市兜转，他的乘客总是会事先预订好他的车。他的改变，不只是创造了更好的收入，他更从工作中得到了自尊和快乐。

目的地到了，司机下了车，绕到后面帮我开车门。这待遇是我乘坐其他出租车所不曾遇见过的。最后，司机递上他刚刚说过的名片，笑着说："希望下次有机会再为您服务。"

我想，下次若需要打车，我会先联系他。

每个人都想过更好的生活，这是毋庸置疑的。但有不少人想过好生活，却从没想过改变自己。好生活会主动找一个热衷于抱怨的人吗？怎么可能呢？天下没有白送的午餐，一分耕耘一分收获，如果你希望拥有成就，就必须具备像天下所有赢家那样的思考态度或行为规范。

生活不是用来抱怨的。你抱怨越多，很可能处境会越差。

不抱怨并不是闭上嘴不说话，不是逆来顺受，而是要直面现实，要想着怎么去解决问题。

每个人都可以选择自己想要的人生。你可以选择从早到晚怨天尤人，但抱怨只会让事情更加混沌；你也可以在意识到生活的困扰后，觉醒，并力图振作，它不一定是推翻过去所有的生活步调，它可以是一个当下念头的转换，或是一个行为的修正。不放纵自己的言行，让自己的善言善行慢慢变成良好的习惯，而人的机遇也将随之改变。

把时间花在进步上，而不是抱怨上，这就是成功的秘诀。

不如就从现在开始。

为了得到更好的生活，改变自己，立即行动！

所有的改变都是从这一刻开始的！

你的选择决定了你生活的样子

这个男孩很早就失去了他的父亲。

成年之后，他也有了儿子，在写给儿子的信中，他说："辛酸的眼泪是培养你心灵的酒浆。"是多少辛酸的眼泪，凝结出这句感悟？他人生的辛酸是从童年就开始了的。

和母亲相依为命过着清贫的日子。母亲给不了他锦衣玉食，却时时给他培养心灵的酒浆。

那一年暑假，小镇上的一个同学约他外出玩耍，同学提议去爷爷家。同学的爷爷是一位退伍军官，住在一栋独院的两层小洋房内。刚进院子，他就被眼前的景象惊呆了。生来就住在破烂的土坯房里，他哪里知道这世界上还有着栽花种树的院子，而那房子，粉刷得光鲜的外墙，明亮的窗户，垂挂的帘幕，这都超出了他的想象。如果说世上的确存在天堂，他认为，同学的爷爷家就是天堂。

总不能一直站在院子里发怔吧。同学的爷爷和蔼地邀请他脱鞋进屋，他这时才知道，原来有些地方赤脚行走也脏不了脚。其实他不怕脏，穷人家的孩子最好的玩具就是泥土，他怎么会怕脏呢？他怕的是干净。

扭扭捏捏大半天，他迟迟不肯进房间，只因那光滑的木质地板比他睡的床不知好过多少倍。

世界就是如此，真实、残酷。有些人家的卫生间都比另一些人家的厨房要大并且华丽。

最后，他终于小心翼翼地进了房间，主人请他坐下。他就那么坐着，好像和椅子是一体的，动也不动。因为他心底满满的都是怯懦，不敢动，生怕挪动一步就能把那光洁的地板踩坏了。

说是去玩耍，哪里能玩得兴起呢？待在那儿，他感觉自己像被关进了囚牢，连呼吸都不自由。

终于出来了，小男孩独自回家，一路哭哭啼啼。他怎么都想不通，为什么别人家脚踩的地方都远远胜过自己睡觉的地方？

母亲静静地听着他的诉说。说完后，母亲静静地为他擦干眼泪，十分平静地望着他的眼睛，温和又坚定地说："孩子，我们不必羡慕别人家漂亮的地板，再漂亮的地板也是被人踩的，只要我们好好地活着、不自卑、有尊严地活着，任何漂亮的地板我们都可以把它踩在脚下。"

母亲的话，他似懂非懂，但母亲的眼神使他倍感温暖、踏实。

后来，他读了小镇上的中学。母亲就把家搬到镇上，一边找工作谋生，一边照顾他。又几年后，几经辗转，他随母亲去了上海。

昔日的小男孩长大了，他去过很多地方，走过的地板也越来越漂亮。但，再也没有哪一种地板会使他心生不安。他始终记得母亲的话，再漂亮的地板也是被人踩的，只要不自卑、有尊严地活着，任何漂亮的地板都可以把它踩在脚下。

那个孩子，后来成长为著名的翻译家，名叫傅雷。

他知道，任何时候，在任何地方，都要昂首前行，有尊严地活着，从容、有力！

的确，生活中有许许多多"漂亮的地板"困扰着我们，我们也常会因为它们的得失而或喜或悲。但不管怎样，我们都不应忘记自己的尊严，因为尊严是一种极高的精神境界，它能给人以雄心和自信。

至于那些困苦、那些辛酸、那些眼泪，它们来了，迎接就好。别怕它们，也别嫌弃，但要努力改变它们不好看的模样，成为自己所喜欢的。那些阻碍，在挺过去之后，你便会明白，它们是培养心灵的酒浆。

我们是那么脆弱，但是我们必须坚强。生活是黄色的，也可能是绿色的，还可能是灰色的，但所有的颜色，如果我们足够勇敢、足够坚强，都可以将之变成我们所喜欢的颜色。

想要什么样的生活取决于我们自己。

这些说法你或许觉得太过老生常谈，没有意义。但我只是想要告诉你，你所面对的，你所拥有的时间，以及你生命中那一段段无可逃避的历程，假如愿意的话，你可以用它们来做很多事情，你可以找到你想要的生活，有尊严地活着，并且活出属于你的荣耀。

人生是自己去经营的且盈亏自负

一生有大半时光都在轮椅上生活的作家史铁生说："生病的经验是一步步懂得满足。发烧了，才知道不发烧的日子多么清爽。"他还说，"终于醒悟，其实每时每刻我们都是幸运的。"

这道理谁都明白的吧？

但是，现实生活中，很多时候，很多人总是感到自己的生活不够幸福，不如人家的日子过得那样滋润甜美，还常常拿别人家的幸福作榜样，去寻找自己的幸福。可是，到头来却会发现，唯独这人追人寻、人见人爱的幸福，没有榜样，常常是求而不得，甚至徒生烦恼。

中国台湾著名漫画家几米说：一个人总是仰望和羡慕着别人的幸福，一回头，却发现自己正被仰望和羡慕着，其实每个人都是幸福的。只是，你的幸福，常常在别人的眼里。

细想想，觉得很有道理。现实生活中，我们总是自觉或不自觉地羡慕别人的生活。

男人通常会羡慕那些事业上比自己成功的人，也不见得人家比自己聪明多少，可是人家真的成功了，仕途也好，钱途也罢，就算娶个太太都比自己的女人聪明、漂亮、体贴，真是同人不同命啊！

女人通常会羡慕那些家庭上比自己幸福的人，也不见得人家比自己漂亮多少，可是人家真的很幸福，孩子乖巧，老公能干，都一样嫁做人妇，人家怎么就那么命好？生活滋润丰盈，衣服比自己多，首饰比自己贵，自己怎么就没有抓一张好牌在手？

老人们通常会羡慕别人的儿女有出息，年纪一大把了，当然不会羡慕那些不着边际的东西，老之将至，儿女有出息才是最靠谱的事儿。也不见得人家就比自己懂教育，可是人家的孩子真的很有出息，读大学、考研、读博、留学，回国后身居要职，怎么自己的孩子就是那样一个扶不起来的阿斗呢？

我们总是在羡慕别人生活的同时，过着自己的日子，总觉得别人都比自己幸福，因为我们比较别人的生活时，眼睛总是向上看，参考系数总是最大化，以仰望的姿态，参考那些至少看上去比你幸福、比你快乐的人。若是这样把自己圈进死胡同，无限抬高底线，逼迫自己就范，承受不应有的烦恼，生活还有什么意思？

梁实秋说："幸福与快乐，是在心里，不假外求。求即往往不得。"

生活在人世间，没有谁的生活是值得我们羡慕的。

每个人都是宇宙空间里的小行星，都有自己的预定轨道和生活方式，你不可能成为别人，别人也不可能成为你，你的生活别人不能复制，别人的生活也不可能适合你，过好自己的日子才是最现实的。

那些事业成功的人不见得就没有烦恼，他们要承受比常人多得多的负担和压力，你看到的是凤凰涅槃，飞翔的姿态，你没有看到的是成功过程中的隐忍和磨难，大起大落的人生，还需要更为坚强的心理承受能力。

那些家庭幸福的女人也不见得就没有困顿，风光鲜活总是在人前，人后一样会因为这样或那样的事情而生气，一样会吵架，一样会有烦恼。你羡慕她的老公能赚很多钱，她却羡慕你的老公体贴能干会烧饭。

千万不要拿自己的儿女和别人比，人生各有际遇，天赋禀赋因人而异。你羡慕人家的儿女漂洋过海，念大书，做大事；人家却羡慕你的儿女近在咫尺，端汤奉茶，尽孝道，享天伦。

你的幸福，常常在别人的眼睛里，透过别人的眼睛折射出来的光芒，你会看到那些光芒中反射回来的是你的幸福。就像这世间没有任何两片树叶的纹理是一样的，幸福与幸福也不尽相同，没有一个人的生活会和别人重复，我们在仰望别人的幸福的同时，别人也是以同样的姿态回望我们。

我试图揭穿真相，只是希望你明白：没有人值得羡慕，也没有人需要同情，生命只属于你自己，自负盈亏。

幸福，完全在于自己，自己有个真实的人生，对自己的人生尽力了，负责了，对得起社会，对得起父母与妻子儿女，就是充实的人生，快乐的人生。心存快乐，就是幸福。

一语概之：没有谁的生活值得羡慕，过好自家日子才是重中之重。

第四章
你要努力活成
你喜欢的样子

梦想还是要有的，万一实现了呢

袁珂是谁？

你不会认识他。其实我也不认识。阿沐对他却很熟悉，愿意为他付出她的一切。

有人问阿沐，你爱袁珂什么？

阿沐一愣，但是，紧接着她就宣誓似的大声说：因为他有梦想、有目标，并且他愿意坚持为之奋斗！

也许你听到这句话会感到很逗，甚至阿沐自己说完这句话，也忍不住笑了起来。长大成人后，如果再有人谈梦想，大多听者都会感到好笑。小时候谁没有梦想呢？写作文，题为《我的梦想》，一个个写得津津有味，当科学家、当飞行员、当教师、当作家……只是，长大之后，很多人不是把梦想就着柴米油盐吃掉了，就是梦想被柴米油盐吃掉了。

但，阿沐说袁珂是个有梦想的人，并不是在说笑。虽然她自己说完没有忍得住笑出声来，但她笑的是她对袁珂的爱——她爱他竟爱到这个地步，他说什么她都相信。

阿沐也有梦想，她的梦想就是和袁珂岁月静好地度过漫长一生。

有时候，阿沐觉得袁珂很傻很傻，傻到她觉得她跟了一个傻瓜。袁珂从不看重金钱，他认为钱财都是身外之物，既然是身外物，谁要他都可以给。比如有慈善捐款时，他永远冲在最前面，甚至可以掏空自己的存款去帮助他人。阿沐常常说，袁珂除了精神以外，并不富有。

有时候，阿沐也认为袁珂倔强得像头牛，只要他看准方向，谁也扳不回他。阿沐也不能。

阿沐会担心，袁珂这么穷，以后孩子的奶粉钱怎么办呢？虽然心里这么想，但她改变不了什么，袁珂还是倔强得像头牛。

有一天，阿沐在网上看到NBL（全国男子篮球联赛）选秀的消息，她自作主张，给袁珂报了名。对，袁珂玩的是街头篮球。阿沐为袁珂报名，一是她想为袁珂的梦想做点事，第二便是含了一些私心，阿沐想，如果袁珂一不小心真的就被NBL选上了，孩子的奶粉钱不就出来了吗？

报名了，这不假，但是，坦白来说，阿沐真的没有抱多大希望，天上是会掉馅饼，但阿沐不认为馅饼会砸到她和袁珂身上。然而，意想不到的是，他们接到一个电话，通知袁珂去参加海选。袁珂发挥不错，海选晋级。

不过，也只是海选晋级罢了，又一轮淘汰赛，袁珂出局了。

回家的路上，阿沐不说话。袁珂沉默了好久，对阿沐说："其实，我知道你比我还怕看到我落选。我碰壁碰得够多了，也不在乎了。"

阿沐好不容易忍住眼泪，吻了吻袁珂："你好好打街头篮球吧，好好开展你的事业，我支持你。没钱也支持你。"

袁珂盯着阿沐的眼睛看了很久，然后拉着阿沐穿过几条街道，为阿沐买了一份阿根达斯。他说："阿沐，其实我可以不打篮球了，街头篮球或者职业篮球，我都不打，不去想了，筹点钱去做生意，和你过那种很世俗但也很安稳的生活。只是，阿沐，我觉得我不应该那样活。如果那样过一生，我会看不起我自己。我想坚持自己的梦想，虽然这看起来似乎很可笑。或许有一天，我真的会认输，向现实妥协，做一个庸俗的男人。然而这几年，我还想再试一试。请再给我一些时间，我也想再给自己一些时间。"

"那就好好打球吧，傻瓜。你不是说过嘛，快乐比什么都重要，既然打球能让你快乐，你就继续打球。"阿沐握紧袁珂的手，走向公交站牌，一起回家。

生活就是这样，没有梦想，我们会觉得很庸俗。周星驰在某部电影中说过，人如果没有梦想，那跟咸鱼有什么区别？没有人想做咸鱼。有梦想的人，生活必然如活蹦乱跳的鲜鱼，生动有活力。

只是，哪里有随随便便就能得到的成功呢？世间的确不乏有人一夜成名，似乎一切得来不费力气，但那是别人呀。你是你，你要面对现实的摔打，被摔得鼻青脸肿，有时候忍不住想甩手走开。说得多轻巧，脚步是暂时移开了，你的心却一直都走不脱。你情愿受着苦、受着累去坚持让你欢喜让你痛的梦想，也不愿意远远地看着梦想，仿佛一个不相干的人。

为了梦想受苦，是值得的。

王家卫借《东邪西毒》欧阳锋之口说，每个人都会坚持自己的信念，在别人看来，是浪费时间，他却觉得很重要。

电影中的那个孝女也是有梦想的。一群刀客经过她家门口，弟弟年少无知，得罪其中一人，那群刀客就杀了弟弟。孝女无处可伸冤复仇，因为那群刀客是太尉府的，当地官府不敢追究。她来找欧阳锋求助，酬金却只是一篮鸡蛋和一头小驴，那头驴是她母亲生前留给她的嫁妆。

欧阳锋说："如果你有心替你弟弟报仇，你要筹一笔钱，没有人会为了一头驴子去得罪太尉府的刀客。报仇是要付出代价的。"

"要是你嫌钱少，我会一直等下去，"孝女说，"我想一定会有人肯帮我。"

她就日日夜夜在沙漠里等候。

她是没事可干吗？当然不是。

许多时候，人们坚持梦想，或许会遭到嘲笑，那有什么关系呢？我们不是没事可干，也不是除了那个梦想之外，就什么都不会做了，我们只是在做我们认为自己应该做的事，仅此而已。

有时看一些音乐选秀节目，选手上台，导师问："你为什么坚持唱歌？"选手答道："除了唱歌，我不知道自己还能做什么。"导师被感动了，认为这是个有梦想有坚持的人，台下掌声雷动。

梦想，说白了就是一种生活方式。我们坚持某个梦想，也就是选择了某种生活方式。除了这一种方式，我们当然还可以有能力用别的方式去生活。只是，我们只想选择这一个，并且坚持下去，因为只有这个才能让我们感到开心。为之坚持，为之奋斗，体会其中滋味，感觉到存在感。

不怕谁来说三道四，只听从自己内心最深处的声音，做自己喜欢的事，坚持做那件让自己感觉到快乐幸福的事。虽然过程辛苦，但比起像咸鱼那样被扔进生活，到底是值得的。

穷不可怕，可怕的是心穷

都说穷人的孩子早当家，这话一点都不假。

韩辉读大学那阵子，为了凑齐他的学费，父亲几乎把家中能卖的都卖掉了，尽管这样，还是没能凑齐学费，后来父亲带着韩辉去学校办理了助学贷款的手续。

生活很不公平，不是吗？有的人生来锦衣玉食，随便吃吃喝喝就是几千几万，而有的人却为了最基本的生活需求苦苦挣扎。看着这样的世界，你有时候真的无法相信书本上的那些美好字眼。

离开韩辉时，父亲仅留下回乡的路费，别的全给了韩辉。

在火车站送父亲回乡，望着苍老憔悴的父亲，韩辉默默地看着天，心想，今生今世一定要好好孝敬父母，一定要让父母过上好日子！火车将要启动的时候，韩辉硬塞给父亲200块钱，说了句"放心"，转身就跑了。父亲在背后大喊，可是他头也没回！

韩辉知道，接下来的生活，就看他自己的了。这是一个即将成长为男人的大男孩，和世界的对话。

找到辅导员，韩辉把自己的家庭情况说了一下。辅导员又找到勤工助学部，给韩辉安排了一份打扫教室的工作。按照学校安排，韩辉要打扫两个可容纳200人的阶梯教室，每周打扫两次，一个月可以得到150元的报酬。韩辉说："太少了。能不能让我再打扫两个教室？"老师惊讶地看看他，说："你不怕影响学习吗？"

"不怕！"韩辉很直率地回答，"我需要钱，学习我会挤时间的！"

老师看了看眼前这个个头矮小、满脸青春痘的小伙子，他的目光是坚强的！老师什么话也没有说，又给他安排了两个教室。这样，韩辉每个月就有了300块钱的收入。对某些同学来讲，300块钱根本就算不了什么，可是韩辉很知足。他想，父母一个月也花不了20块钱呢，300块钱差不多值五六袋小麦呢！

可是韩辉还想挣更多的钱。他发现学校的很多地方都贴着红的绿的小广告，上面写着招聘抄写员、宣传员之类的内容。一天，韩辉按照上面的电话打了过去，对方说了一个地址。韩辉跑过去一看，在一个房间里摆着张桌子，上面放些乱七八糟的资料，坐着一个男人。韩辉看到里面已经有很多学生模样的人在排队了。

中年男人要求每个报名的人交30块钱报名费用，并且交上身份证和学生证复印件。韩辉太希望得到一份工作了，他不假思索地交上30块钱。中年男人边记录韩辉的证件，边问："你想干什么工作？"

"我想做宣传员。"韩辉觉得做宣传员的待遇可能要好些。

"哦，是这样的，我们的宣传已经招满了，你能不能做抄写？"

"那抄写员的待遇是怎样的？"韩辉问。

"每一千个字10元。如果公司满意的话，还会提高报酬。那先这样吧，你把这份资料带回去，算是试工。记住啊，一定要工整，不能有错别字。"

韩辉接过对方递过来的几页资料，什么也没说，回到学校就写了起来。那份资料大约有5000字，韩辉抄了一天便送了过去。这次是一个年轻女人。她对韩辉微笑着说："很好。先放在这里吧。公司里的人要先核对一下，过几天就会打电话给你。"

韩辉回到学校，耐心等了3天，根本没有一点儿消息。韩辉着急了，他打电话过去询问，可是电话根本就没有人接。韩辉觉得情况不妙，跑去一看，那间房早就关门了，房东说租房的人已经退房了！

韩辉又气又恨，可是也没有一点儿办法！谁让自己阅历浅，不懂事呢？后来，他为这30块钱懊恼了好长时间。

去L品牌兼职是一个很偶然的机会。

韩辉有一个高年级的师兄，他有事没事总爱找韩辉，和他聊天，请他吃饭，而且时时嘘寒问暖，还一再说，人要为自己准备一个备胎。韩辉刚开始觉得很奇怪，不明白这个师兄为什么对自己这么好，是不是有什么不轨的意图呢？想着想着，韩辉自己都笑了起来，自己既没有金钱，也没有美色，他能对自己有什么意图？

不过，当他第一次听师兄说"备胎"的时候，没听明白是什么意思，师兄就把这两个字写了出来，韩辉明白了，觉得这句话非常有道理。

有一天，师兄给韩辉买了一双皮鞋。这是韩辉人生中的第一双皮鞋，韩辉很感激，感谢的话说了一大堆。这时，师兄终于告诉韩辉，他希望韩辉加入L品牌。韩辉从来不知道L品牌是什么东西。师兄就耐心地给韩辉上了一课。

韩辉细心听了听，他隐约觉得L品牌是一种传销，他也知道国家是严厉打击传销行为的。可是按照师兄所说的，L品牌有自己的店铺，有合法的营业执照，有无数成功的经销商——韩辉后来才知道，每一个加入L品牌的人都是经销商。师兄着重告诉韩辉，以前的L品牌确实有某些类似传销的行为，但是从1997年以来，L品牌成功转型，现在是一种合法的直销模式。

韩辉听得混混沌沌，他没有立即答应师兄，而是说考虑考虑。事后，韩辉查阅了很多报纸，咨询了一些老师，发现对于L品牌有很多争议，有人说L品牌是传销，有人说它是直销。但是不管怎样，L品牌的店铺确实光明正大地存在着。

就在韩辉犹豫不决的时候，师兄来了，他给韩辉讲了L品牌奖金制度，说"那是世界上最完美的奖金制度"。不管完美与否，那种制度确实有很大的诱惑力。韩辉抵挡不住，就按照师兄的吩咐，办理了手续。他开始做L品牌了。

刚开始的时候，韩辉跟着师兄听了几次课，他发现L品牌确实成就了一批有钱人。尽管对此有些疑惑，韩辉还是很努力地去做了。他积极努力地发展队伍、销售产品，春节回家的时候，他赚了整整六千块钱！

当老实巴交的父母看到这么多钱的时候，他们愣住了。父亲忽然生了气，要打韩辉，母亲好不容易拉住父亲。韩辉挺起胸膛，理直气壮地说："你放心，这是我光明正大挣来的！"他把赚钱的经过给父亲讲了讲，全家人这才放心。

因为这六千块钱，全家人过了一个愉快的春节。节后，韩辉带了几百块钱回学校了。父亲执意要他多带些，韩辉不肯，他让父母添点生活用品，买些好吃的，把身体养好。

在L品牌的日子里，韩辉锻炼出一副好口才和一张勇敢的厚脸皮。这两样东西让韩辉获益匪浅。在学校，韩辉遇到了很多机会，他和另一些化妆品公司合作，把产品摆到校园里优惠销售，从中赚的钱足够自己生活费的开销。韩辉的专业就是市场营销，他积极努力，竞争到很多做企划的机会。最轰动的一次是和中国移动杭州分公司的合作，韩辉从对方争取到一笔宣传费用，在学校大礼堂筹划了一场大规模的文艺演出。

后来，韩辉给一家文化公司做了一个摄影大赛的方案。对方老板很满意，热情地请韩辉去吃火锅。那是韩辉第一次吃火锅，他本来就喜欢吃辣的，那顿火锅吃得非常过瘾。他觉得这是自己所吃过的最美味的东西了。他下定决心，一定要请父母吃一顿火锅。

回到学校，韩辉就写信让父母到杭州来看看。母亲不放心家里，就让父亲一个人来了。韩辉带父亲去了"小肥羊"吃火锅。韩辉要了两大份羊肉，父亲很担心地说："这要花不少钱吧？"韩辉说："没事，我在那家单位工作出色，老板非常满意。他知道你来了，就特意拿钱让我请你吃饭的。"

父亲听了这话，心里自然高兴，吃得也高兴。

做父母的，最希望看到的不就是儿女有出息吗？

大学终于毕业了，同学们个个忙着找工作，韩辉对就业问题并不发愁。他在校内和别人合伙经营着一个电脑培训班，他可以在毕业前顺利地还上银行的助学贷款，可以顺利地拿到他的学位证、毕业证。

现在的韩辉，只有22岁，但他认为自己已经可以称得"男人"二字。回头看看过去的路，他没有一丝遗憾。偶尔和人聊起多年来的生活经验，对方会表达真诚的佩服，韩辉只是笑。是的，他也佩服自己，他喜欢面对困境迎难而上的自己，他喜欢勤奋的自己。他说，挫折会使我更加坚强。

网络上流传着这样一句话："生来贫穷不是你我的过错，死而贫穷却是你我的遗憾。"是啊，贫穷不是罪，贫穷而不知进取是不可宽恕的罪。太多人之所以倒在贫穷之神的面前，要么是因为他们一下子陷入贫穷不可自己，要么是因为他们安于贫穷不思改变。

如果说成功真的需要运气的话，那么，好运气不是来自磕长头对天祈祷，而是你在天空之下黄土之上，勤奋努力，积极进取。

最努力最勤奋的时候，运气往往最好。

你是狮子，你会饿死吗

最受不了的就是，那些在公众场合扯着嗓门聊天的人。

有一次在公交车上，突然传来一阵很闹腾的手机来电铃声，乘客们顺着铃声发现了那个中年男人，他倒泰然自若，悠悠然地取出手机，并不着急接，又悠悠然地对着手机打量半天。我忽然想起，手机这玩意儿刚出现的那阵子，先用起手机的那些人也总是如此傲慢地任手机嘶叫半天，才一脸炫耀地悠悠然地接听。那个中年男人终于将手机琢磨透了，陡然暴起一声惊雷："喂！"接下来，整个车厢都回荡着他粗野的声音，又是放声大笑又是大声爆粗口，一点儿都不害臊。我倒感到难为情了，因为他和我有着相同的乡音。我都忍不住想上前去劝阻他："哥们，小声点儿，别丢了老家人的脸！"

还有一次，也是在公交车上，两个中年女子从一上车就没合过嘴。穿黑裙子的那个说，穿黄T恤的那个听。中年女人要说的事，无非是家长里短鸡毛蒜皮。黑裙子向黄T恤诉说，她在家怎样和婆婆较劲，又怎样和小姑子对阵，主旨只有一个，她不是一盏省油的灯，她要让所有人都知道她不是一盏省油的灯。

黑裙子还带着一个小男孩，应是她的儿子。向黄T恤炫耀自己的威风，同时，她还不忘记点拨她的儿子，以后要怎样怎样"收拾"奶奶，又当如何如何"收拾"小姑的孩子。她的儿子一脸懵懂地望着她，不住地点头。真是个乖孩子，正巧，又遇见一个彪悍的母亲。

　　那天，恰巧我的座位靠近黑裙子和黄T恤，我想不听黑裙子断家务事都不行，因为她的大嗓门和她的性格一样，不是省油的灯。去听吧，又听得头疼，听得心累。想必黄T恤也很受折磨，一路都是黑裙子在说她在听，连打断的机会都没有。曾有一次，我和黄T恤的目光相遇，她迅速地扫了一眼黑裙子，又望望我，为难地笑了。

　　黑裙子和黄T恤终于下车了，车上顿时静寂一片。司机一声长叹："谢天谢地，可算下去了！"乘客们会心一笑。

　　其实，像这样大嗓门的人，在许多公共场所都能见到，无论是公交车上还是火车上，或者是其他人多嘴杂的地方，都很容易就碰见几个大嗓门轰轰烈烈地说笑，周围人只好无奈地充当观众。

　　嗓门，也就是音量，这是为人际沟通服务的。人和人之间相互沟通，为了什么？还不是为了相互讨个好感，一起去做皆大欢喜的事。倘若说话不得体，不论什么场合都扯着嗓子大声说笑，说的人畅快了，听的人以及被迫去听的人就受罪了，怎能获得人们的好感？

　　大嗓门不是罪，因为有些人一生下来，老天就赐了他一副大嗓门。但，人贵在能够自律自控，虽然老天给了一副大嗓门，但颇懂自制的人是知道哪种场合可以谈笑自若，又有哪些场合应当和声细语。

　　更有一些人，嗓门本是普通，但为了炫耀自身故意抬高了嗓门喊叫，这着实令人不敢恭维。

一开口就嗓门大得"惊天动地"，无非是想引起人们的重视，这样的人，在生活中往往也是地位最无关紧要的人。因为，一个人越炫耀什么，说明内心越缺少什么；一个人越在意的地方，往往也是最令他自卑的地方。

有没有发现，德高望重的那些人，说起话来多是和声细语。他们不需要扯着嗓子喊，那样未免太粗鲁了；他们一开口，周围人就会主动地静下来，细心听；他们也不需要喋喋不休，三两句就将事理表达得通透明白。

或许有人反驳："我不是还没修炼到德高望重的段位嘛！等我德高望重了，我也擅长慢声细语。"

错了，不是那么一回事。

所有德高望重的人，在德不高望不重之时，方方面面都为日后的德高望重铺垫基础了。就像一尊雕塑，想成为精品，雕塑师每一刀下去都会很讲究。

别说说话的音量不过是一桩不值一提的小事，人生无小事。一个人的出身以及修养，完全可以通过他讲话的音量猜料出来。

更不要说你控制不了你的嗓门，你现在连你自己讲话的音量都控制不好，谁能信任你在其他方面有出色的掌控力？

要掌控生活掌控幸福，请先控制好自己，有所为，有所不为。

就像打台球，在所有的运动中，我最欣赏台球。因为它代表着我们的主见、逻辑、态度以及我们存在的高度。当盯着那颗母球，慢慢地俯下身去，就应该知道它将在这张台上走出怎样玄妙的弧度，击中目标，潇洒落袋，然后果断止步在你意念中的位置，分毫不差。

但是，球台上的对决，最重要的仍是自己的控制力，不要一口气把漂亮的位置打完，每一步都不能迷失方向，不能错乱节奏，要懂得占位，懂得如何收场。

你所不能迷失的，你所要懂得的，取决于你是否有良好的控制力。

新东方教育科技集团创始人俞敏洪在谈到"成功的能力和素质"时，说："我们每天生活在不同的社会和群体中间，夫妻之间也要控制自己的情绪，人与人之间打交道也要控制自己的情绪。凡是控制不了自己情绪的人都是做不了大事的，就像张飞和关羽，他们虽然有才华，但都控制不了自己，最后出事儿了。而刘邦，大家都没有听说过他生气，所以说如果刘邦没有控制自己的能力，就不会有汉朝400年的历史。所以控制情绪不是老谋深算，也不是狡猾，而是自己坚韧的体现。"

你要有控制自己的能力，除非你不想做一个成功者。

你就像是你征服生活的武器，你要知道如何使用自己。就像一头狮子，它要想猎到前方的那只鹿，就得控制好自己的脚步轻重，控制好自己行路的节奏，假若老是弄出不必要的声响，你要怎么相信这只狮子能猎到鹿？

饿死的狮子大抵都是控制不了自己行为的狮子。

最想要去的地方，
怎么能在半路就返航

有三个女生，一个叫小马，一个叫青青，还有一个叫本本。她们三个在高中时期是同学，如今，各有各的生活。

小马高中时学习十分努力，成绩很棒，后来考上了北京的一所名校，她现在就在离青青不远的大学里读研究生。同时，小马还在一家全球500强公司里做实习生。这家公司是全球IT领域首屈一指的老大哥公司，小马在里面做人力资源部实习生，但是她的专业跟人力或者IT都不搭边。

青青问小马，以后想做什么，小马说想去某奢侈品公司做业务，因为听说那边实习生待遇是一天500块，要是能当正式员工，肯定钱多得数不过来。

她的想法没什么不好。没有谁讨厌钱，甚至很多人活着就是为了赚足够多的钱。

青青问小马，既然如此，为什么还要在那家IT公司做实习生，一个跟未来和现状都不搭边的实习工作？

小马说，她只是想混一个实习经历而已，其他的都不重要。

青青又问小马——好吧，得承认，青青是个爱发问的姑娘。其实，青青只是想为小马做些什么，谁让她们是好姐妹呢——青青又问小马，对未来有什么打算？小马说准备过完年辞了这个实习工作，回去写论文，然后再找一个能转正的实习单位，就工作了。至于找什么，还不知道。

青青有点默然，觉得哪里不对，但是又说不出来哪个地方不对。青青只是下意识地觉得，像小马这样当年在学校优秀到教人羡慕嫉妒恨的好学生，为什么走到现在一点儿都不让她觉得精彩和震撼呢？青青一直觉得，小马应该是那种一直让她感到惊艳的人。

小马说，她也总觉得自己的生活缺点儿什么，好像是缺了动力或激情，因为一路走过来，似乎一切都是安排好的。她从一类重点大学、保研、金牌导师、500强企业实习，一路平坦，很顺利。

青青想起了一句话："顺利，只是一种平庸的人生。"

这句话当年青青并不太理解，但是现在看着她们平静得没有一点儿涟漪的生活，瞬间觉得这句话说得太到位了。

小马的生活其实一直被一种模式牵引着，好像出轨了就是大错特错，当然，一贯优秀的小马也不会让自己出轨，而只是在轨道里做跑得最快的那个。而现在，小马让青青感到有一些不对劲儿。

青青对小马说："我怎么就觉得你现在的生活不该是这样的普通呢？"

小马说："那我去国外再读个博士，你觉得如何？这样就有海外背景了。"

听得此话，青青差点儿翻了凳子。"小马，还记得本本么？当年班上那个弹琴很好但是成绩很差的本本，每天优哉游哉地来上课的高个子的本本。你知道她现在在做什么吗？"

当年本本得到了清华、北大等多个名校的音乐特长生的录取通知书，可是她成绩太差，只能去上一个二类学校的本科，还是特长生进去的。在大学里，她师从某钢琴家，在毕业的时候考到了加拿大前三名的一所大学继续学音乐，师从另一个世界级的钢琴名家。

青青和本本经常在网上聊天，她可谓一路见证了本本的成长，看着本本慢慢地适应国外生活，在另一片天空下寻找内心的荣光；她看见本本的音乐梦想一点点绽放起来，本本的音乐慢慢地从学校的琴房走向舞台，走向世界，走向更大更美的地方。

现在，本本正在申请耶鲁的博士学位，依着本本的能力，问题不大，耶鲁毕业后她就是音乐家了。

青青想，当年本本不是最好的，甚至是最糟糕的，但是现在纵观当年她们那个所谓的强化班里的学生，没有谁活得比本本精彩。当年班级前十名的好学生，有的挣扎在一年年的考研班里，似乎考不上就对不起之前20年好学生的名誉；有的考上研究生了，每天去某公司实习，或者帮导师编书赚小钱；有的工作了，每天两点一线上下班，赚点钱租个小破房子，读读书、看看报、扯扯淡。

而本本呢？她一直在追寻自己的梦想，用钢琴用音乐去打拼属于自己的世界。她内心有爱有音乐，她的内心有所向往，有着最为执着的追求。青青还记得读高三时，某个晚自习，本本拿到清华的特长生能减掉80分的通知书的时候，她在班里跳跃着，喊叫着。当时很多好学生都不屑地看着本本，知道她减掉180分也考不上清华，而且特长生又算什么呢，文化课分值高才是硬道理。但是，时间证明，那些人都错了，本本的音乐终于被承认，她的梦想在绽放。

而和本本一起成长的她们呢？她们活得很规矩，特别规矩：她们用abc和XYZ进好的大学，然后读硕士，挤进500强企业作渺小的实习生，试图给自己的背景加朵花儿，其实也就是个喇叭花，加不上什么牡丹；然后入职，拿4K一个月的工资互相攀比，比谁小资，谁名牌，谁出门能打车了，谁租的房子比较大，并且是精装的，再过不久她们会继续攀比谁有房子有车了，谁嫁入豪门了。但是，难道大家都没有发现吗，本本的世界越来越大，而她们的世界越来越小，最后或许就变成了她们拿着自己用青春加班熬夜赚来的钱，在北京几个烫手的楼盘和几个华而不实的名贵餐厅里显摆、嘚瑟。她们当了十几年的好学生，最终成就的是一个个小小的蜗居和在虚荣的外表下隐藏着的脆弱的心灵。

说到这儿，小马搭话了，她说其实她没有想到连青青现在都过得很好，因为青青当年也就是一个中等生而已。

青青说，她不优秀，但她一直有目标。读大学时，她一直认为毕业后要高薪、体面的工作，要当传说中的白领，出差或旅行要住五星级宾馆，买东西再也不用看价格，她就是冲着这个目标奔到社会上来了。但是，在毕业后一年看似外表光鲜的白领生活中，她并未达到自己的目标，她说，"我不知道我为什么要加班熬夜通宵拼命，我做的这一切难道是要别人看起来我很忙、很牛逼么？我忙得没有时间给妈妈打电话，我忙得对朋友不耐烦，我忙得在家里和家人发飙，其实我没有那么忙，我是很烦，烦我自己失去了目标。我是一个目标导向的人，没有了目标的生活就成了死水。"

今年6月份，青青出了一趟远门。在火车上，她突然想起来她最初的梦想。

有人说，人在17岁时候的梦想很大程度上就是终生的梦想。是的，青青17岁时的梦想一点点复苏在心里，变得生机盎然起来。那之后的青青，竟奇迹般地恢复了元气和精力，也开始想明白了很多之前备受困扰的问题；她开始变得特立独行，变得坚定而彪悍。这全部只是因为她内心有了一个目标，那个目标是她最初的梦想。在通往那个目标的道路上，她明白自己该要点什么，该放弃点什么。她学会了从多角度来看待她的世界和别人的世界，她的视野变得圆润而饱满，她的胸怀变得宽广而有秩序。她尝试读曾经厌恶的历史，也尝试用做生意的方式做事情，更尝试海纳不同的声音入耳，尝试曾经标准好孩子不应该做的所有事情。

是谁说的，当你走上了不一样的道路，你才有可能看到和别人不一样的风景。在青青变成一个人人眼中的特殊女子的时候，她才看到了世界上原来有这么多的精彩活法。

下个月，青青要换一个地方租房子了。她从20平方米的房间搬进一个8平方米的蜗居里，大大的双人床要换成小小的单人床，她要把自己的东西都规规矩矩地整理好，而不能像现在这样满地乱扔。她是否能接受即将到来的变化呢？毕竟由奢入俭难啊。她当然能！她觉得很幸福，因为内心有一个目标在，所有的一切都只为这个目标而变化，能屈能伸才是她未来人生中重要的标尺。

你最初的梦想呢？

你活得越来越像谁了？

或许你像这世间所有的人，只是不像你自己。因为你早已弄丢了自己的最初梦想，你也弄丢了有梦、有爱、有激情的灵魂。在夜深人静忽然醒来的时候，望着连自己都陌生的自己，你不觉得可怕吗？

如果说没有梦想是可悲的，更可悲的是，有梦想，但最初的梦想却从未到达。

去做自己想做的一切，趁着年轻

所有亲朋都惊呆了，如果你是刘森的亲人或朋友，兴许你也会认为刘森疯了。

他在报社做新闻记者做得好好的，忽然就坚决地辞职了。他说做记者体现不了人生价值，他需要一个更有挑战性的职业。真是疯狂呀。他接下来的选择更是疯狂，他去了另一家报社，去做广告业务员。

没有最疯狂，只有更疯狂，刘森对新工作几乎没什么要求。他和广告部经理说，他不要底薪，只按自己的业绩抽取提成。对于任何一家单位来说，他们应该都巴不得遇见这样的职员。

刘森说，谁都别为他担心，他对自己有信心，他有金刚钻，所以大胆地揽这瓷器活。

从广告部经理那儿，刘森要得一份客户名单。但这份名单比较奇怪，上面每一个企业都是有实力的企业，只是在这之前，报社去的每一个广告业务员都无功而返。所有的同事都认为那些客户是不可能与他们合作的，但刘森并不这样认为。

每次去拜访这些客户前，刘森总是先把自己关在房间里，站在一个大镜子前面，把客户的名称和负责人的名字默念十遍，然后信心十足地说："一个月之内，我们将有一笔大交易。"

说来也奇怪——是他的新同事们感到奇怪，因为仅在第一天，刘森就有三个所谓"不可能的"的客户和他签订了合同；到那个星期五，又有两个客户同意买他的广告；一个月后，名单上只有一个名字后面没有打上勾。

同事们纷纷向刘森打探秘诀，刘森一笑，说没有秘诀，他只是信心坚定。

第二个月，刘森在拜访新客户的同时，每天早晨，只要拒绝买他的广告的那个客户的公司一上班，他就进去请这个商人做广告，但是每一次这位商人都面无表情地说："不！"可是每一次，当这位商人说"不"时，刘森都不放在心里，然后继续前去拜访，就像拜访新客户一样。

很快又一个月过去了，连续对刘森说了六十天"不"的商人突然有了兴趣与他交谈几句："你已经在我这里浪费了两个月的时间，事实上我什么也没有给你，我现在想知道的是，是什么让你坚持这样做？"

刘森说："我当然不会故意到这里来浪费时间，我是到这里来学习的，你就是我的老师，我从你这里学习如何在逆境中坚持，事实上我们都在坚持。"

那位商人点点头，对刘森的话深表赞同，他说："其实我不得不承认，我也一直在学习，你也是我的老师。我们都学会了如何坚持，对我来说，这比金钱更加宝贵，为了表示我的感激之情，我决定买你一个广告版面，这是我付给你的学费，而不是我放弃坚持。"

就这样，在商人很有礼貌的"退让"下，名单上最后一个"钉子户"

被拔除了。

当刘森把画满勾的名单交回给经理时，经理顿时站了起来，向这位杰出的广告业务员表示敬意。他说："以你的能力，不应该继续做一个业务员。所以，我将向社长提议，专门为你成立一个部门。"

第三个月的第一天，以刘森为经理的广告部成立了，三十多个员工成了刘森的下属。在这个新的平台上，刘森说他找到了一个最适合自己发展的全新空间。

没有人再嘲笑刘森是个神经病了，但是所有人还是认为刘森疯狂，不过，他们个个都佩服疯狂的刘森。

如果你认为一份工作不能再给你带来激情时，或者说当你认为你所从事的工作不能体现你的价值，请你慎重思考一下，是否要换条路换个方向。

一如乔布斯所说："我每天早晨都会对镜子自问：'如果今天是我生命的最后一天，那些原本今天要做的事我还想去做吗？'如果答案连续多次都是'不'，我知道我得改变一下了。"

或许，你也得改变一下了。

你要知道，活着，就是为了找寻自己的存在感，证明自己的价值。

或许，你从一条路跳向另一条路，会有不少人对你发出质疑或者嘲笑，你实在不必和他们辩解，你只需要行动，并用事实告诉他们，他们的质疑或嘲笑是多么的幼稚。

当然，无论你多强，行路难免都会遇见障碍，尤其你所面对的目标是众人追逐的对象时，你要知道，坚定的信心是你成功的催化剂。最能坚持的往往会笑到最后。

坚持，说来简单，但在人们的生活和事业中，往往会因为缺少这种精神，而与成功擦肩而过。优秀的人总是坦然地面对一时的失利，然后一直坚持到胜利来临。

　　世间从来没什么难事，只看你肯不肯去做，又肯不肯坚持去做。再好的想法，离开行动，不过是空谈。

　　你要做一个听从你内心声音的意志坚定的人。别怕做一个疯狂的人，不疯魔不成活。

谁的路谁自己走，谁的坑谁自己爬

　　没有平坦的路。路上有时候会出现绊脚石，有时甚至还会出现一个坑，你有没有曾经跌进坑里？是谁帮你爬了上来？

　　记得在读小学三年级的时候，有一天上劳动课时，王老师带我们去学校的后山捡柴，柴火是准备冬天烤火用的。在山乡，人们取暖是没有空调或者火炉的，当秋天到来，学校常常会在体育课或者劳动课带领学生去山上捡柴，堆在教室的后面，用于冬天取暖。

　　再说说王老师，他是我们的班主任，一个相貌平平的老头，心肠挺好，教学也很有一套方法，可就是脾气怪怪的。

　　现在想起来，我倒认为王老师的怪脾气是一种很独特的魅力。

　　那天捡柴，我和三名同学跑向后山顶，边跑边捡。在一棵大树旁，我发现了一堆枯干的小树枝，急忙奔过去。跑着跑着，我脚一滑，跌进一个深深的坑里。坑太深，三名同学吓得大呼小叫，想尽办法也没能把我拉上来。

　　王老师听见叫喊，走了过来。

　　我以为他会拉我上来，但是没有。

他站在坑边，盯了我很久，沉着脸问我："你在坑里喊破喉咙有什么用呢？我不会拉你上来的，你自己想办法！"旁边的同学听得这话，面面相觑，没人敢插嘴。

我在坑里急得都快哭了："老师，老师，我上不去！"

怪脾气的王老师反而转身就走："上不来？那你就在里面待着吧！"他招呼身边的同学，"我们走！"

有这样的老师吗？

王老师带着同学们硬生生地走了。

我一屁股瘫坐在坑里，嘴一张，"哇哇"地大哭起来，"老师！老师！我出不去！"一边哭一边生气地在坑里打滚。小孩子总以为大哭大闹、撒撒泼打打滚就能解决问题。如果面对的是别人，兴许我什么话都不必说，他们也会迅速地拉我上来，然后安慰我。只可惜，我面对的是怪脾气的王老师。

我在坑里号啕大哭、打滚，都没能引起王老师的丝毫同情。我听见同学们的脚步声越走越远。这可怎么办？难不成要在坑里过夜？

没人救，自救。我不再哭，也不再打滚，四处打量后，忽然看见一道亮光。擦干眼泪，我坐起来向亮光处爬去。透出亮光的地方有一个洞，我钻了进去，越钻越亮，不一会儿到了山坡上，一挺身我跳了出来。

一出来我就看见王老师和同学都站在山坡上。他们在等我。我一出现，山坡上响起了真诚而热烈的掌声，久久不息。

王老师抱起我原地转了两圈。我所有的不快，一扫而光，不解地问："老师，你怎么知道坑里有洞能出来？"

他只是笑，没回答我。

用不着他回答，我的那些同学叽叽喳喳地抢着和我说："老师看你没摔坏。""老师在上面就看见光了。""老师想让你自己出来。"

原来如此。

我为刚才的哭闹感到不好意思了。

王老师蹲在我面前，伸出宽大的手掌拍掉我身上的尘土，亲切地抚摸着我的脑袋，同意同学们的说法，重重地点着头。同学们探着身子，咧开小嘴上下打量我。

这时，老师慢慢地站起来，环视一下四周，将一只手指竖到嘴边，示意我们安静。然后，他走到高处一字一句地说："孩子们，记住，跌进坑里，别急着向上看。一心寻求别人的帮助，常常会使人看不见自己脚下最方便的路。"

很多年过去了，我还无法忘记儿时跌进坑里自己爬出来的经历，王老师的话也一直印在我的脑海里。直到今天，每当生活中遇到失败和意想不到的打击时，我总是这样提醒和勉励自己：跌进坑里，别急着向上看，你要知道，一心寻求别人的帮助，常常会使你看不见自己脚下最方便的路。而向人求助，依赖别人，所得到的结果往往是巨大的失望。

和一个朋友谈起人的依赖心理时，她说："我不会依赖别人，因为我受够了失望。"是的，与其依赖别人，不如自己努力。

世上没有比自尊更有价值的东西了。如果你试图从别人那里获得帮助，你就难以保全自尊。如果你决定依靠自己，独立自主，你就会变得日益坚强。

而对于一个女人来说，也许你单身，也许你已经嫁了个好男人，这些都不是最重要的，重要的是你不能有依赖思想，不能事事指望他人。自己能挣上万的高薪固然好，能挣两千的薪水也不错，起码，你有能力养活自己，这就是你的骄傲。

谁的路谁自己走，谁的坑谁自己爬。

命运负责洗牌，但玩牌的是我们自己

那一年，他只有15岁。功课之余，打零工，以筹学费。

有一回，他在一间茶楼做服务生，肚子饿极了，买过单的食客离去后桌子上剩余一个叉烧包，他趁人不注意拿过来吃了。事情就是这么巧，茶楼经理不知从哪儿走了出来，恰好见到他正吃叉烧包，呵斥他不该偷吃茶楼的食物。他辩解，经理不信，反而狠狠地给了他一耳光，疼得他眼泪都落了下来。

挨了耳光，又丢了工作。

他哭着走回租居的笼屋。香港有很多笼屋，小小的房间，摆了一张或多张双层铁架床，租给贫困人。和他居于同一笼屋的，是一个老伯。他睡上铺，老伯睡下铺。那天哭着回家，老伯听完他的哭诉，慈祥地安慰他。他问老伯："为什么我的命这么苦？12岁父母离婚，将我抛弃。上学受人欺负，打工也被人冤枉，难道我注定一辈子这么倒霉吗？"

老伯看了他好一阵子，忽然笑了："小鬼头，胡说八道！谁告诉你人是要被注定的？要是人人命运都被注定，那还有什么惊喜，兴许连做百万富翁都没什么意思了。你真是个小笨蛋呀，别瞎想了！"老伯是个值夜班的保安员，说完就忙着去上班了。

平日里，他总是嫌弃老伯爱唠叨，索性学着充耳不闻，老伯说什么他都当耳旁风。但是这一次，老伯说人是不可能被注定命运的，他听进了心里。

他要依靠音乐努力改变自己的命运。他热爱音乐，有个梦想就是成为歌星。出身贫贱，又无路子，谁会相信他能梦想成真？但是，他相信自己。

后来，他又做过油漆工、溜冰教练、驻唱歌手、出租车司机、特技演员等差事，他从未丢下他热爱的音乐，写歌谱曲投给唱片公司。无论路多难走，他都告诉自己要坚持走下去。他渴望成功，即使不能成功，他也是要努力，只有这样他才心底踏实，一生无悔。

十年之后，他在中国台湾出道，踏入歌坛，推出第一张唱片，名为《一场游戏一场梦》。

是的，他的名字叫王杰。

《一场游戏一场梦》推出上市的第一天，公司有位已有名气的歌手讽刺他："王杰，你的唱腔实在太奇怪了，你觉得你的新唱片能卖多少？"

那歌手的眼神一点儿都不友善，王杰怎会看不出来？但他还是很坦诚地说："应该可以卖到30万张吧。"

不料，不到半天，这30万张的说法已被当成笑话传遍了整个唱片公司，甚至有人已为他取了绰号：30万。

他们都认为王杰想成名想疯了。

王杰并不辩解。有什么好辩解呢？辩解他们会听吗？说不定又成为一场新的笑话。王杰只是在心里默念着多年前老伯对他说的那句话，人的命运是不可能被注定的。但，王杰也知道，能否改变命运，这一次是关键的一步。

唱片推出的第七天晚上，下班后王杰乘计程车回家。车窗外不断流逝着美丽的夜景，闪烁的霓虹灯照耀着街上的夜归人，王杰却无心欣赏，一想到未来，想到自己夸下30万的海口，他的心就一阵阵刺痛。

突然，计程车的收音机里传出一个悦耳的声音：接下来播放的是本周流行榜的冠军歌曲。音乐前奏响起，熟悉的旋律让王杰的心开始狂跳。主持人继续说："本星期的流行榜冠军歌曲，就是王杰主唱的《一场游戏一场梦》。"

那一瞬间，王杰泪流满面。

世界变了。

第二天，王杰推开唱片公司的大门，所有人看见他，都对他送上微笑，道喜声此起彼伏。王杰淡淡地笑着，向每个人说谢谢。

生活太有趣了，人情炎或凉，只一夜之间就变了，这一种幽默，使人心底很不是滋味。王杰不知道，这算不算也是一场游戏一场梦。他只知道，他的命运自此改变。老伯的话是对的，人是不可能被注定的。十年河东十年河西，风水轮流转，没有谁会一直幸运，也没有谁会一直倒霉。

后来，那是多年之后的事了，因和女友感情生变，竟对簿公堂。在这场官司中，王杰家财散尽。

世事动荡，倒使王杰对那位老伯的话有了更加深切的体会。人的一生是不可能被注定的，谁也不知道下一秒会发生什么。人来到这个世界，就是为了体验惊喜和激情，当然，跌跌撞撞，陷入低谷也是难免的了。有过不一样的生活体验的人，或许才是这世上真正幸福的人。比如那位老伯，他只是个守夜人，可是没有谁能想到他心底的快乐和富足。老伯的心里应该是充满快乐和富足的，若不是，他怎么时时地地都能温润地笑呢？

对于许多事情，好的、坏的，其实不必太在意，只需尽一切可能地去改变自己、丰富自己，享受沿途所有遇见。

人的一生是不可能被注定的，命运不过是失败者无聊的自慰，不过是懦怯者的解嘲。

倘若一定要说有什么可以被注定，那就是：活着，必须努力，保持进步，保持微笑，活出一个更好的自己，能有多好就多好。

没有什么天生好命，只有咬紧牙奋斗

少年们说起周杰伦时，一脸崇拜之情。

从来没有浪得虚名的被崇拜者，周杰伦值得受追捧。他歌唱得好，又能填词作曲，华语RAP和R&B因他而成为主流音乐；他演电影，又导演电影；他开公司，还做某品牌服装的时尚顾问。他看起来什么都能做，又什么都做得精彩。

和他有关的，少年们都极是喜爱。

人人都看见周杰伦在舞台之上风光，或许有人更认为他生来好命，注定要做巨星。

"成功的花，人们只惊羡她现时的明艳！然而当初她的芽儿，浸透了奋斗的泪泉，洒遍了牺牲的血雨。"

少年时期的周杰伦生活颇不安稳，父母闹离婚，他和母亲搬去外婆家居住。那时的他，性格孤僻，不爱说话，只爱音乐。高中毕业后，因未考上大学，为谋生计，他去餐厅做服务生。这份工作他做不好，常常传错菜，顾客训斥、老板责骂。和所有迷茫的少年一样，他看不清未来在哪里。

一个偶然的机会，参加电视台综艺节目，上台弹奏钢琴。可惜，他弹奏的音乐太过另类，和歌手的演唱不能和谐交融，台下嘘声四起。幸好，主持人吴宗宪拿过他的歌谱来看，十分吃惊，请他来自己的公司做音乐制作助理。

名义上是助理，其实就是一个打杂职员，每天帮同事买盒饭，或做其他琐碎的事。有时逢上大型活动，人员太多又很分散，周杰伦只好来来回回地跑，保证每一个人都有盒饭吃。忙到最后，只有他一人没吃。

任劳任怨的周杰伦，吴宗宪看在眼里，认为孺子可教，为他配备了一间办公室，让他专心创作歌曲。还有比这更好的事吗？一切看起来都好极了，唯一的遗憾，也是致命伤，没人喜欢周杰伦的作品。

据说，周杰伦曾为刘德华创作一首《眼泪知道》，刘德华看看歌名，摇着头丢开了："眼泪怎么会知道？眼泪要知道什么呢？"

据说，周杰伦的代表作之一《双截棍》最初是写给张惠妹的，但张惠妹毫不犹豫地拒绝了。她看不出《双截棍》有什么好，还从头到尾"哼哼哈嘿"个不停，她觉得太无厘头了。

一个才华横溢的人，处处碰壁，被嘲讽、被奚落，纵使他从不怀疑自己，想必也会感到无比的寂寞吧。

哪有谁天生好命呢？每一分风光都来自不为人知的无尽艰辛无尽煎熬。再苦再难，都要咬紧牙承受。

吴宗宪不看轻周杰伦，他始终都认为周杰伦是出色的。既然无人肯唱周杰伦的歌，就让周杰伦自己来唱吧。

拨开乌云见红日。周杰伦第一张专辑甫一上市，便被抢购一空。他词句不明的哼唱，看似吊儿郎当又自信爆棚的神情，深受年轻人喜爱。

经过漫长的煎熬，周杰伦终于成为"周杰伦"。他的名字就是他的品牌。

看着多风光呀，每张唱片都备受市场青睐，到处开演唱会，接受歌迷的欢呼。却没人知道，红红火火的周杰伦其实一直都在承受着来自身体的剧痛。他患有僵直性脊椎炎。这是一种古老的疾病，早在古埃及时就有关于此病的记载。此病来源于家族遗传，患者会感到臀髋部或腰背部疼痛或僵直。药物只能缓解病情，不能根治。从18岁查出患有此病一直到现在，周杰伦都默默承受。

未成名时，没人知道他一路如何奋斗；成名之后，人们只看见他的风光，却常常忘记他在台下有时疼得动弹不了。

风光的代价是工作繁重，而繁重的工作只会激发并加剧他的病情。周杰伦说，有时候，他连穿鞋穿袜都需要母亲帮助。他担心自己会突然再也动不了。每次病症发作，他都会难以抑制地陷入情绪的低潮。

尽管如此，周杰伦也从不停歇前行的脚步。他知道，当他停下来，他就失去了价值。是的，他的成就已足够他享用一生，但他不能容忍自己躺在过去的辉煌里消度余生。

人活着，就要奋斗。

奋斗是一辈子的事。

只有懒惰的人才肯稍有成绩就沾沾自喜裹足不前。

在前进的路上，从来没有信手拈来的成功。

或许，这个世界上真的有人只是坐在那儿就能迎来惹人艳羡的好运，这样的人或许真的有，但是真的很少。而且最重要的，你不是。

所有在你看来很是好命的人，若回头打量他们的足迹，哪个不是一路血迹斑斑？

面对生活，面对眼前的路，谁都没有选择，谁都是苦了又苦或哭了又哭，我们并没有选择。无路可退，也无法逃避，只能让肃杀的风凛冽地扑面而来，冻得鼻青脸肿却不屈地缓慢前行。

人的一生，不过是解决问题的一生。奋力向前奔，一定头破血流，可能闯出天地，但是不勤奋地拼一下，就只有混吃等死。何来好命，只是自己选择的路罢了。

生活给你一些痛苦，只是为了告诉你它想要教给你的事。一遍学不会，你就痛苦一次；总是学不会，你就在同样的地方反复摔跤。包教包会，学会为止。

不是风雨之后总能见彩虹。但是，咬紧牙倔强勤奋又无所畏惧地前行的人总会胜利。

你要知道，在年轻的时候，不能懒惰，不能停下，要厚积薄发，要不留遗憾，要拼尽全力。勤能补拙，苦尽甘来。

别信谁说天生好命。

所有看似天生好命的人都是咬紧牙奋斗过的，并将一直咬紧牙奋斗下去。

不着急，不放弃，
谁都是一步步走出来的

不管怎样，毕业究竟是一件令人开心的事。结束一种生活，开始另一种生活，崭新的、充满各种可能性的，想想都叫人开心。

然而，生活有另一个名字，叫悲欣交集。让你快乐的，往往也是令你惆怅的。

毕业那天，学校为毕业生举行了一个毕业典礼，他的家人和朋友从很远的地方赶到他的大学，见证他为人生中重要的一段路画上句点。

从毕业典礼台前走过，他一脸微笑，心底却是糟糕的。他的工作迟迟没有着落，投出的求职申请如泥牛入海，而别的同学，多是都已有了去向。

他必须要尽快找到工作，因为家中的经济状况一点儿都不乐观。毕业了，也到了他要养活自己的时候了。

抱着巨大的希望，又总是得不到回应，那样的日子是难熬的。他想，在这个城市或许是没有任何机会了，只好开着车去加利福尼亚州南部地区去找工作。换了一个地方，还是没有赢得就职的希望。投了无数的求职信，怎么一封都不见回应？

生活到底要给他什么考验呢？

他经受不起考验了，他就像一个饥渴到极点的人，急需食物，哪怕是一点并且毫不可口的食物也好呀。因为，他要偿还助学贷款的日期一天天地临近了。银行是不会和他讲什么情理的，到了日期，不还便是违约，要付出更多代价。

你体会过当你在早上醒来，心里因为恐惧而茫然无措时的感觉吗？恐惧那些你无法把握的事情——你对一件事情满怀希望，而又害怕所得到的不过是一场噩梦时心中挥之不去的恐惧感。你体会过那种感觉吗？等待用人单位回应的日子里，那种感觉占据了他生活的全部。

每一天都像过了一年，何况是一周周过去了，又接连几个月过去了，没人知道他心中是多么绝望。他感觉自己掉进了一个没有尽头的深渊，一直往下坠，一直往下坠。

他真的有努力在找寻工作，而给他打击最深的是无论他怎样努力，好像都无法让生活有丝毫的改变。

快要崩溃了，如果这样的日子再持续下去，他会疯掉的。

怎样才能让自己的大脑不至于被逼疯呢？他决定用笔记录。把自己的一些想法记在一页纸上，这让每一件事看起来更清晰一点，也更光明一点。这样的书写给了他希望，就像在无尽的黑暗中，他用力地撬呀撬，终于隐隐看见一点光。

在最无助最无所事事的时候，人们也总得做些什么，以支撑自己不坍塌。哪怕仅仅是写写日记，自己和自己说说话，那也是一种光，是希望，那是穷途末路时的温暖和力量。

写着写着，他做了个决定，将自己在这无尽等待日子里的故事和心情，将这受挫的经历，写成了一本童话书，书名就叫《逆流而上》。书中的主角，是一条无论遇到任何困难都不会放弃自己梦想的小鱼。

书写好了，他打印出来，投给各个出版社。

其实，这一次，他没有抱什么希望。依赖自己所学的专业都找不到工作，而从未尝试过的写作，能为他带来什么呢？他不认为这能带来什么。权当是个游戏，为自己找点事做，不至于闲得要死。

生活十分有趣，不是吗，总是有心种花花不开，无意插柳柳成荫。

有一天，他收到出版社打来的电话，要签下他的《逆流而上》。很快，出版合同就寄来了。

这一份出版合同，是一道强光，照进他的生命。

一切一下子就变了。

他忽然意识到，原来先前所有的灰暗日子，只是在指引他去往一条他从未发现的路。那条路，当他走上去，才知道自己是为此而生。

《逆流而上》出版后，他的境遇渐渐有了一点起色。

不久，他又收到了第二本书的出版合同。又几个月后，他应约去迪士尼公司进行面试，公司不久就聘用了他。

他是美国作家阿莱克斯·米勒。

活着，要一如那本带给米勒崭新生活的书的名字，逆流而上。永远不要放弃，也许逆境正是你成就自己的一个好机会。即使事情暂时看起来暗无天日，也不要放弃。

如果你觉得工作辛苦，那么你就付出时间，做一些别的让你觉得有趣的事，但不要放弃。无论任何时候，处于何种境地，无论你觉得生活多糟糕，你都不要放弃，而是要多试几个方向，你心底想到哪里你就去往哪里，要相信事情一定会好起来。说不定，在你最意料不到的地方，有一个大大的惊喜在等着你。

人生就是一个充满各种可能性的旅程，你往往哭着哭着就笑了，因为挡在你前面的那堵墙上，忽然开了一个门。

米勒以前没有任何的文学学历，也从没接触过写作，如果没有那段艰苦时间所受的磨难，他或许成不了今天的作家。

你要知道，也要相信，最深的黑暗里往往有最亮的光。有时候，梦想只是在上游不远处等待着你，你所要做的不过就是鼓足勇气，超越逆流游过去，迎接你的便是成功。

想成为谁，就和谁混在一起

　　一网友来问我："为什么说穷也要站在富人堆里？本来就是穷人，偏要往富人群里贴，不被别人说三道四吗？兴许说是热脸贴冷屁股呢！"

　　这位网友错了。

　　怎么可以说"本来就是穷人"？抱此态度为人处世，完全失败。

　　人穷不可志短，你可以暂时物质不富有，但你要从心底瞧得起自己，无论和什么人站在一起，你都能够挺起腰杆，不觉得自己有所违和，更不自觉低人一等。穷人富人都是人，物质有穷富，精神平等。

　　至于所谓穷人站在富人堆里，说白了是圈子问题。你和什么人在一起，你就能成为什么人。

　　有这样一位姑娘，在北京读民办大学。在北京读书、生活，她一直颇受表姐的照顾。

　　表姐是一位富商的女友，其生活圈自然也是五光十色的。随着表姐，那姑娘也常出入一些奢华场所，有了许多精致的生活方式。她不认为物质匮乏是丢脸，反而因为进入了一个丰富的圈子，她改变了自己的许多观念，知道如何让自己更为丰富。

还有一位姑娘，也是在北京，大学毕业后做了北漂，每月拿两千多块的薪水，和老乡一起租住在地下室。工作之余，她最喜欢去动物园的服装批发市场淘廉价衣服，或者窝在地下室里用二手电脑看电影。如此过了两年，她对生活的激情渐渐消失，人变得悲观起来，动辄就抱怨，说是北漂的日子看不到未来。

　　怎么会有未来呢？她只是按部就班地过着平庸的日子，平日和老乡待在一起，彼此用家乡话聊天，讨论最多的就是老家的事。她的老乡每天生活的主要内容就是，盘算着如何将挣得的菲薄工资存一点，再拿出一点去淘一些便宜的衣服。没有谁想着读书学习，提升自己的工作能力，使自己更全面，有更多的承担。

　　假若这位姑娘是和一些热爱学习的人在一起呢？或许她也会努力充实自己，多方向找机会，使自己的生活跃升到一个更好的台阶。

　　圈子真的很重要，它能决定你的生活态度与人生方向。

　　在一个题为"创造财富"的论坛上，一位发言人给现场听众做了这样一个小测试，他说："请大家每人拿出一张纸，写下和你相处时间最多的6个人，也可以说是与你关系最亲密的6个朋友，记下他们的月收入，然后算出他们月收入的平均数。这个平均值便能反映你个人月收入的多少。"测试的结果让所有人都惊讶不已。

　　你和谁在一起，你就是谁；你的朋友是什么样，你就是什么样。

　　前几年，我感觉自己的生活过得特别忙乱，做事很没效率。经过观察我发现，原来那阵子自己交往的都是"穷忙族"，人人喜欢熬夜、拖沓、聊QQ、写博客，却把要事都搁在了最后。还有段时间，我迫切地想要买房子，但那时我并不具备买房的经济实力。后来我才知道，自己的这种心态来自圈子里的群体压力，因为圈子里的每个人都在强调购房的重要性，潜移默化中我也受到了影响。

我们中国有句古话："近朱者赤，近墨者黑。"美国人也有句谚语："和傻瓜生活，整天吃吃喝喝；和智者生活，时时勤于思考。"这两句话所说的其实是同一个道理：朋友的影响力非常之大，大到可以潜移默化地影响甚至改变你的一生。

你能走多远，在于你与谁同行。如果你想展翅高飞，那么请你多与雄鹰为伍，并成为其中的一员；如果你成天和小鸡混在一起，那你就不大可能高飞。

如果你想改变自己的人生方向，最有效的办法就是找一个正确的圈子，然后想办法融入，并努力汲取其中的正面能量。

曾经有人采访比尔·盖茨成功的秘诀，他说："因为有更多的成功人士在为我工作。"陈安之的"超级成功学"也有提道：先为成功的人工作，再与成功的人合作，最后是让成功的人为你工作。

你与之交往的人就是你的未来。

德国行为学家海因罗特在实验中发现一个十分有趣的现象：刚刚破壳而出的小鹅会本能地跟随在它第一眼看到的自己的母亲后面，但如果它第一眼看到的不是自己的母亲，而是其他活动物体，比如一条狗、一只猫或一个玩具鹅，它也会自动地跟随其后。尤为重要的是，一旦这只小鹅形成了对某一物体的跟随反应，它就不可能再形成对其他物体的跟随反应了。这种跟随反应的形成是不可逆的，也就是说小鹅只承认第一，却无视第二。这种现象后来被另一位德国行为学家洛伦兹称之为"印刻效应"。

"印刻效应"在人类的世界里其实也并不少见。

经常与酗酒、赌博的人厮混，你不可能进取；经常与钻营的人为伴，你不会踏实；经常与牢骚满腹的人对话，你就会变得牢骚满腹；经常与满脑"钱"字的人交往，你就会沦为唯利是图、见财起意、见利忘义之辈。

物以类聚，人以群分。什么样的朋友，就预示着什么样的未来。如果你的朋友是积极向上的人，你就可能成为积极向上的人。假如你希望更好的话，你的朋友一定要比你更优秀，因为只有他们可以给你提供成功的经验。假如你老是跟同一群人做同样的事情，你的成长显然是有限的。

人是一种圈子动物，每个人都有自己的人际圈子。大家的区别在于：有的人圈子小，有的人圈子大；有的人圈子能量高，有的人圈子能量低；有的人会经营圈子，有的人不会经营圈子；有的人依靠圈子左右逢源、飞黄腾达，有的人脱离圈子捉襟见肘、一事无成。

无论你的圈子有多大，真正影响你、驱动你、左右你的一般不会超过八个人，甚至更少，通常情况只有三四个人。你每天的心情是好是坏，往往也只跟这几个人有关，你的圈子一般是被这几个人所限定的。

因此，和什么样的人交朋友，和什么样的人形成势力范围，又和什么样的人组成圈子，你必须严肃、认真地思考和对待。

如果你想改变你的生活状态，从现在开始，检视自己身处的圈子，看看圈子里的人属不属于自己想要成为的那类人。如果不是，就要果断离开，不要贪恋小圈子带给自己的那一点安全感，却禁锢了自己本应无限广阔的思想。

此外，你还可以通过网络途径为自己营造一个虚拟的圈子，隔空关注自己想要成为的那些人，看看他们读了什么书，看了什么电影，平时又在做什么，然后试着像他们一样生活，也许就能更快地接近梦想。

看不清未来，那就做好现在

我有个朋友的亲戚，在北京，是搞动物学的，但他研究的是一个非常冷门的方向：蟑螂。很少有人研究这种令人恶心的生物，所以他的工作一直不受人理解，甚至家人都嫌弃他。而他就是对蟑螂特别着迷，天天与蟑螂为伴。

他职业生涯的前十五年都非常低迷，过着非常清苦的生活，出版了几本书但都没有销路，无人问津。他从来不气馁，也不后悔，他喜欢研究蟑螂，喜欢研究这种生命力顽强而又给人类造成巨大困扰的生物。

直到十几年前，北京突然开始闹蟑螂，其严重程度简直令家家谈蟑螂色变。然后有人发现了这么一个蟑螂专家，他出版过很多著作，讲蟑螂的习性，蟑螂的特点，如何防治和杀灭蟑螂等等。于是他突然红了，所有人突然开始尊重这样一位本来人人避而远之的蟑螂学家，他上电视、录广播、受采访、写专著、开公司，到处有人邀请。

他职业生涯的前十几年无人问津，孤独清苦；后几十年大发其财，红透京城。

现在，他统领着上百人的研究团队，主导着几十亿元规模的生物化学公司，出版了几十本著作，受着无数人的尊敬。

当初他知道蟑螂会肆虐京城吗？当初他知道他将来所有的辛苦都会得到回报吗？真的不知道。但可以肯定的是，假如他当初没有坚定地做好他的研究，而是在别人的劝说下放弃了他的爱好，那么，他一定不会有今天的成就。

如果你觉得迷茫，却并不想着去努力，那么你终将一事无成。

如果你对生活感到迷茫，虽然迷茫但你还是坚定地做好你正在做的事情，朝着你想去往的方向默默前行，那么，你终有一天你将不再迷茫，因为迎接你的是无尽灿烂，是想要的成功。

成功其实就是这么简单。当你感到迷茫的时候，最应该做的就是看清楚脚下的路；当你看不到未来的时候，最应该致力的就是做好现在。

经常会在网上看到各种各样的鸡汤，励志的、安慰的、青春的各种各样都有，以前我也是经常会看。一小段话，配上一张唯美的图，以为那就是青春。

然而，错了，其实，青春不是用来迷茫的，更不能用鸡汤来麻痹自己。

很有感触的是一个老家的朋友，他是在网上做SEO培训的，也出了书，他一直都是用自己的青春在奋斗。他喜欢写文字，这一写就是六年。我很喜欢跟他一起玩，因为跟他在一起总是有着满满的正能量。他说：鸡汤偶尔要有，但不能沉迷。曾经阿里巴巴也采访过他三次，他只喜欢安静地做事，沉醉于研究SEO及跟学生的交流中。

或许有很多人的青春，一个单位辗转到另外一个单位，但是他真的不一样，他告诉我说很喜欢跟自己的学生在一起，因为跟学生在一起，没有半点浮躁，都是在网上实实在在的努力做事，每天都是拼啊拼啊，什么都不用去管，就是看到一个目标，做好当下，一步步地努力往前冲，而他的实际行动也跟我说了，做好当下，也是最实在的，也是对自己的明天负责。

未来是虚的，因为我们不知道会发生什么。当下是最实在的，把握好现在的一点一滴，踏实一点。一直很喜欢一句话：踏实一些，不要着急，你想要的岁月都会给你。

再说个你很熟悉的人和事。莫言，知道他吧？中国第一个获得诺贝尔文学奖的作家。

2012年10月诺贝尔文学奖尘埃落定，为中国籍作家莫言获得。

莫言出生在山东一个很荒凉的农村，家里人口很多，物质生活非常贫困。莫言自幼喜欢读书，但没想过当作家。不过，有一年，莫言看到，当时报纸上发表了王蒙的一篇文章，大意是劝文学青年，大家不要在文学的狭窄的小路上挤来挤去，尽早判断自己是不是这块料子，你去当工人、当工程师也好，可以在别的领域发挥自己的特长。莫言看了以后很受刺激，他想，一个人的文学才能是自己无法判定的，你怎么知道我不行呢？你们都成名了，都成作家了，为什么打击我们呢？一个人怎么样辨别是不是明智的选择，只能是通过实验，通过试探，我写上几年，不行了，我自动会转向，我再不转向，就会饿死，只好干别的。对于认为行动比经验重要的莫言来说，这个劝是没有意义的，他只能告诉自己一定要试一下，行当然更好。

只有小学文凭的莫言不仅试了一下，还试了好几下。

18岁时走后门到县棉油厂干临时工的莫言参加了人民解放军，这成了他人生的一个重大的转折。然后在部队待了几年，慢慢开始学习写作，

开始的时候还是偷偷摸摸地写，因为如果在部队写作的话，领导会认为这是不务正业。直到发表了中篇小说《红高粱》，反响强烈，被读者推选为《人民文学》当年"我最喜爱的作品"第一名，莫言这才真正地走上了专业创作之路。

从此莫言的创作一发而不可收。陆续出版了《酒国》《檀香刑》等名作。

故乡虽旧，亲人虽穷，莫言从来没有为此而感到自卑，因为他创作源泉全是来自当年贫苦的故乡。成功后的莫言并没有忘记故乡，而是认为美妙的语言来自民间，所以他常常会像小时候那样跟村里的人"混"在一起，跟乡亲们学会用民间的语言来描述事物、表达自己的思想。

莫言曾经做过一个报告，报告里谈到《饥饿和孤独是我创作的源泉》："饥饿和孤独跟我的故乡联系在一起的，也就是在我少年时期，确实经历过吃不饱穿不暖的悲惨生活，曾经有过那么一段大概两三天牵着一头牛或者羊在四面看不到人的荒凉土地上孤独地生存。我曾经说过饥饿和孤独是我创作的源泉，是我创作的原动力，是我的出发点。"后来的创作之路中，乡村的贫困经历和孤独的感觉，成就了他笔下具有特色的中国乡土文学。

失败者，往往是热度只有五分钟的人；成功者，往往是坚持到最后的人。莫言坚持了下来，并且在最艰难的时候也没有放弃，他认为，最艰难的时候是走上坡路的时候。有句话这样说：不要总是觉得生活会一直穷困下去，因为如果你这样感觉，那么这些就会成为事实，跟你如影随形。相反，你应该对未来充满希望和自信，说不定，你就会发现它真的如你期待的那样了。

最重要的是，你要活在当下，做好现在。

如果看不清未来，那就努力做好现在。把眼前的事情做好了，机会自然会来。过去的你已经无法更改，未来的你什么样，取决于你的现在。如果你对未来感到迷茫，现在就放弃努力，自暴自弃，那么你终将为今天的堕落付出代价。

很多问题，不是靠想象就能解决的，你必须亲自去做，在行动中去消除障碍。

活在当下，做好现在，你想要的未来就在前方不远处。

默默努力的人不会永远是小角色

我得承认我不是人们所说的聪明人。一直以来我都认为自己很笨，别人似乎一伸手就可以搞得定的事，到了我这儿，必须得花一些时间去琢磨；别人早早得知的真相，我往往是最后一个才略有了解。我说我是后知后觉。

有一天，在网上看到有人称自己"默默努力君"，我觉得这名字真好。我想我也是默默努力君。除了努力，还能做什么呢？所谓笨鸟先飞，又所谓没伞的孩子必须努力奔跑。

且拿高考来说吧。我经历了两次高考的洗礼才踏进大学的门。

从小学到高中，我的成绩谈不上好，唯一觉得还可以谈的是，老师、同学都认为我是个愿意勤奋学习的人。第一次高考，我考得坏极了。那时，填志愿是去班主任家中，发志愿表时，班主任很是鄙夷地问我："你还需要填吗？"言外之意，不要浪费志愿表了，填了也白填。

当时的心情有多糟糕，直到现在我都找不到合适的言语去形容。

我决定复读。其实成绩揭晓之前，我是下定了决心不复读的，不管考得好坏，因为怕极了昏天暗地的高三。得感谢那位陈姓班主任，若不是他，我哪里有勇气复读呢？兴许，后来的大学自然也无从谈起了。

复读时，我似乎明白了一些什么，一下子变得"成熟"许多。踏踏实实地对待每一门功课是少不得的，至于每次考试，错的题，我都会重新做一遍，又把做了多次都做不对的工工整整地抄写在我自己建立的错题本上，老师的讲解详详细细地记录下来，从此不厌其烦地阅读、领会。一定是那两本厚厚的错题本帮了我大忙，我一直都这样认为，所以直到现在那两本"战友"我还珍藏着。

又到高考，还不错，考上了大学，虽然那所大学很普通，但我到底是考上了大学呀。

说来也巧，领取通知书那天，竟又和之前的陈姓班主任碰面了。他不知从哪儿得知我被录取的消息，碰面时，他喊住我，和我说："没想到啊！去了大学，要好好学习。"我看看他，没说话，走了过去。

那态度真不好。若换作今天的我，在当时和他照面，我会和他聊上一阵子，最后再真诚地笑着感谢他。

读大学后，每次回故乡时，让我意想不到的是，竟还有人向我请教高三的学习经验。我能说些什么呢？

"通往高考的路上，你要学会忍受寂寞。要成为一个优秀的人，你更要学会承受寂寞。事情就是这样，你的努力可能别人看不见，但是它绝对值得。冷静面对，默默努力，默默成长，说不定你真的能实现心中的那个梦想。"

这话听起来很矫情是不是？但是，谁能说，话有错呢？

我还可以再和你说一件事。

我读高中时，有个小伙伴读了中专。那是二十世纪末，互联网刚兴起，青涩的少年个个迷恋上网聊天，要么就是玩游戏，我的小伙伴说，他们宿舍八个人，其中七个沉迷网络，一夜夜光阴就那样流走了，夜里消耗

的精力，只有用白天的光阴来弥补，白天在课堂上昏睡不醒。

其中有个刘姓室友，性格木讷，不合群，别人都在玩游戏，他却抱着课本看个没完没了。因为他喜欢英语，大家就给他送了个绰号，"假洋鬼子"。

中专三年，"假洋鬼子"花费心思学习，不过，成绩并不怎么样。大家嘴里不说，心里都认为他脑筋不好使。

一晃几年过去了，毕业后，为了谋生，大家各奔东西。有的到沿海打工，有的改行做起生意来，有的回老家结婚生子。

前段时间，同学聚会，有知情人说，姓刘的"假洋鬼子"已是某大学教师，人称刘博士。大伙儿听了，不禁讶然。

原来，毕业后，刘姓同学也并未放下学习，一边打工一边自考，多年之后，他硕士毕业，成了刘博士。

当初那些成绩不错或者自认为很聪明的同学，个个泯然于众人，而默默付出的刘姓同学，他用很笨但很有效的方法，跑在了聪明人的前头。

这个物质时代，人们最想的事情莫过于成功了。

成功有时候其实很简单，那就是别人浮躁时，你心无旁骛，默默地努力。那或许是一段很长的沉默时光。每一个优秀的人，都有一段沉默的时光。成功之前的黑暗是孤寂的，没有鲜花和掌声的旅途，犹如泥土里的种子，要耐得住寂寞，只有储备足够的能量，方能钻出黑暗的泥土。

一个人，默默努力，默默成长。那一段时光，忍受了很多孤独很多寂寞，其中滋味，只有自己知道，但，从不抱怨，从不诉苦。那一段日子，是当日后说起时，连自己都能被感动的日子。

我还有一位朋友，她和很多人一样，每天挤地铁上班，她觉得自己就是这个城市很平淡不起眼的一个人，而这样的人，在这城市里有成千上万。

可是她并不甘于这样平平淡淡的生活。当微信公众号异军突起时，她有了想法，她想运营一个属于自己的微信公众号。但是，她运营了4个公众号，都是失败告终。一般人，可能会在挫败之后，就彻底放弃了，然后说，微信红利期已经过了，再做也没有意思了，之后就心安理得地去玩了，回归自己原本的生活现状。

而她并未放弃，她总结了自己失败的原因，并思考自己的优势，标注出自己的特色标签并加以放大，然后重新开始。每天下班回家后，从晚上8点开始，她默默地写文章，默默地耕耘自己的微信公众号，几乎从未12点前睡过觉。这样简单而枯燥的坚持，是很多人所无法容忍的，但她坚持到底了。

她花了十个月的时间，每天写文章，累积了10万粉丝订阅量，并出了一本书。在此之前，她只是默默地耕耘着，别人都在百无聊赖地刷朋友圈的时间，她却是在更新自己的微信公众号，日复一日的坚持，终于有所成。

这世上，很多人在成为更好的自己的路上默默努力。

很多人以为的奇迹，其实都来自默默努力。

蔡康永说：15岁觉得游泳难，放弃游泳，到18岁遇到一个你喜欢的人约你去游泳，你只好说"我不会耶"。18岁觉得英文难，放弃英文，28岁出现一个很棒但要会英文的工作，你只好说"我不会耶"。人生前期越嫌麻烦，越懒得学，后来就越可能错过让你动心的人和事，错过新风景。

是的，这只是打了一个比方。

会游泳、会英文，似乎都不是什么特别必须或重要的事，因为你喜欢的人不一定喜欢游泳，你喜欢的工作可能也不需要你会英文。

但如果这些你恰好都会，到时候真的遇上了，是不是就多了一把筹码？

起初为了某个很小的目的而认真去做一件事情、学习新的技能，在未来，这项技能是真的可以为你带来其他方便的。所谓"前年栽树，后年乘凉"就是这个意思。

老年人喜欢说造化这个词，在他们看来人生中机缘巧合的事都是造化使然，但人人心里都清楚，遇见机会是造化，抓住机会绝对不是巧合。在之前的人生，是你自己给自己添了一盏灯，才有后来处于黑暗时正好亮起的一束光。

有人常常抱怨努力了还是看不到结果，那是因为，并不是所有事情都会有立竿见影的效果。你今年读了100本书，到了年底，你不会成为知名作家，但那些书潜移默化地影响了你的人生观、世界观，在未来的日子里，在你的言辞、决定之间都会体现。

喜欢什么，想要什么，就从现在开始，认真去做。千万不要什么都不做，在原地干着急。也千万不要小看自己的努力，也许某一天，它会结出意想不到的果实。

默默努力的人不会永远是小角色。

天道酬勤，此话从来不虚。

当然，你这么努力，只是为了能站得足够高，有足够的资本和底气，去拒绝你所厌恶的一切。